JN098929

同期モータの基礎と制御

Fundamentals and Control of Synchronous Motor

坂本 哲三 著
Tetsuzo Sakamoto

森北出版

まえがき

　速度制御が必要なシステムの駆動用モータには，誘導モータや同期モータが用いられる．この2つの最も大きな構造上の相違点は，回転子における永久磁石の利用にある．誘導モータは永久磁石を使用せず，このことが堅牢性につながっている．しかし，永久磁石のかわりとして，電磁誘導作用を利用して回転子に磁石と等価な電流を生じさせる必要がある．このため，電源側に必要とされる供給電流が増えるだけでなく，その分のジュール損が発生して機器の温度上昇を引き起こすことから，モータの体積が大きくなってしまう．一方，同期モータは永久磁石を利用する．永久磁石はコストがかかるため，その点では不利だが，モータの体積を小さくすることができ，モータを格納するスペースが限られる用途には適している．世界初のハイブリッド自動車には，同期モータの一種であるIPMモータが適用されて成功を収めている．

　本書では，同期モータの理論的な解析，座標変換，モデリング，制御系設計と数値シミュレーション，ならびに温度上昇のダイナミクスを議論の中心に据え，周辺技術としての電池およびパワーエレクトロニクスについても述べる．

[本書の特長]

現象の基礎から解説　電磁界解析，パワーエレクトロニクス，制御系設計技術，材料技術などの進歩により，電気機器の力率・効率，応答性能，および静粛性は大きな発展を遂げている．電気機器においては，電気的エネルギー，電界のエネルギーや磁界のエネルギー，力学的エネルギー，および熱エネルギーが相互に関連することから，横断的な知識が要求される．この技術を習得するためには理論的な基礎を把握しておく必要があり，本書では，定式化から現象の詳細な考察に至る基礎の記述に重点をおいている．

集中定数表現による記述　モータの設計において，温度上昇の見積もりは設計の最終段階において重要である．過度な温度上昇の余裕はコストのむだを生じさせ，その一方で，限界を超えれば絶縁材料の劣化による動作不良だけでなく，ユーザからの信頼失墜をまねくことになる．したがって，正確な知識による温度上昇の計算が

必須である．モータの運転には連続定格だけでなく，短時間定格や反復定格がある．このため，温度計算は基本的に，微分方程式を計算することになる．しかし，これを集中定数回路として表現すると，設計エンジニアにとって計算が容易となり，その実際的な価値は大きい．そのような背景から，温度上昇の支配方程式をエネルギーの関係式から定式化し，新しい用語として「熱キャパシタンス」を導入することで，集中定数表現で理解できるようにした．

　電磁力を求める方法は，大きく分けて以下の 3 通りがある．
- 近接作用としての電磁界を用いる方法
- 遠隔作用としての電磁界源を用いる方法
- 静電容量やインダクタンスによって集中定数表示されたモデルを対象にエネルギーを求めて電磁力を定式化する方法

本書では，集中定数表現による手法を，アプローチを変えながら眺める．一般的な解析においてはつねに，たとえば力学系における力と変位のように，対となる状態変数が必要になる．エネルギーを決めるところの対となる状態変数については，ウッドソンとメルヒャーの著作（第 1 章参考文献 [1]）に見られる電気端子対と機械端子対という拡張概念を用いることで，自然な定式化が行えることを示した．

系統的なモデル化　同期リラクタンスモータ，SPM モータ，そして IPM モータの 3 種類に分類される同期モータについて，理論的に厳密で系統的なモデル化を行った．また，インダクタンス行列の定式化も厳密に行っている．これは，従来の文献ではあまり見当たらない．

　さらに，回転座標系で現れる速度起電力は，まさに力学系の見かけの力に対応していることから，「見かけの速度起電力」と呼称してその物理的な意義を強調し，3 種のモータすべてについて制御系の数値シミュレーションを行った．シミュレーションの意義は，数式だけではわからない物理現象の理解が深められる点にある．また，近年ハイブリッド自動車などの普及により日常的に意識されるようになった回生ブレーキについても，シミュレーションを用いて解説している．

　静電アクチュエータの静電エネルギーを決める状態変数，すなわち電気端子対は，電圧と電荷量である．磁気アクチュエータの磁気エネルギーを決める状態変数，すなわち電気端子対は，磁束鎖交数と電流である．回転形アクチュエータの力学的エネルギーを決める状態変数，すなわち機械端子対は，トルクと変位である．同様に，永久磁石という素子についても，回路表現が可能なことから想像できるよ

うに，電気端子対を設定できる．これによって，エネルギーの表現の理論的な一貫性を保つことになり，同期モータの中でも近年とくに注目されている IPM モータにもその一般式が適用できることも示した．また，同期リラクタンスモータと IPM モータは，リラクタンストルクを利用するものであり，この場合は相間の相互インダクタンスが回転角度に従って変化する．このため，相互インダクタンスを考慮できる 2 次形式表現の磁気エネルギーの一般式を適用してトルクの定式化を行って，2 次形式表現の有用性を示している．

実用的な設計　制御系の設計手法にはさまざまな方法がある．同期モータの中でも回転子の突極性を利用した同期リラクタンスモータや IPM モータの場合は，非線形性を考慮しなければならず，制御系設計は容易でもない．そこで本書では，このような制御対象に対する内部モデル制御の適用可能性に着目して，その基礎理論を詳細に述べる．そして，3 種類の同期モータの駆動系に適用してゲインスケジューリングを併用することで安定な制御系を構築し，数値シミュレーションを行ってモータ内部の現象を考察する．

　また，モータの電気系の等価回路，負荷としてつながる力学系の電気的等価回路，そして機器の温度上昇を表す熱系の電気的等価回路をそれぞれのモータについて示し，実用的な設計にも利用できる，統合的な等価回路を提案している．

　最後に，執筆にあたってお世話になった森北出版の宮地氏と太田氏に感謝を申し上げる次第である．

2023 年 5 月

著　者

目　次

序　章

モータは，現代の生活において駆動源の中心的役割を果たしており，自動車や飛行機の駆動にまでも利用が進み，その重要性はますます大きくなっている．固定子・回転子間のギャップ部分の磁界や電界がつくる応力を利用するものがモータである．大きな力を発生させるには磁界が適しており，電界を利用したモータはマイクロマシンなどの用途に適している．磁界を利用したモータには，大きく分けて直流モータと交流モータがある．制御の容易さの点においては直流モータの利便性が顕著であるが，それ以外の特性では交流モータが大きく勝っている．さらに，交流モータの一種である，固定子側でつくられる回転磁界の角速度と回転子の角速度が同期している**同期モータ** (synchronous motor) は，ハイブリッド自動車や電気自動車 (EV) に適した特長をもつ．このため，同期モータは，ハイブリッド自動車登場の初期から中心的な存在となっている．ここでは，同期モータに関する記述を俯瞰して理解することを目的として，基礎的な事項を簡単に述べよう．

アクチュエータについて，エネルギーと発生力の定量的な関係を考察する．図1に電気機械結合系のモデルを示す．同図 (a) は，極板間に電界が生じることで，その応力によって極板間に吸引力をつくるアクチュエータモデルである．ただし，ギャップの大きさの変位分 x とその向きの力 f に対して，ここでは力を吸引力 $f_a = -f$ とその向きの変位分 $l = -x$ として示している．静電エネルギーの自由空間における体積密度 w_e は，空気の誘電率 ε_0，そして電束密度 D と電界の強さ E を

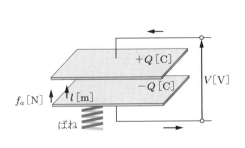

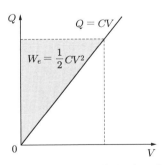

（a）静電エネルギーを用いた　　　　　（b）電気機械結合系の静電エネルギー
　　　電気機械結合

図1　アクチュエータモデル

用いて，$w_e = DE/2 = \varepsilon_0 E^2/2\,[\mathrm{J/m^3}]$ と表される．一方で，電界に生じる力線方向とその垂直方向に発生する応力はともに $p_e = \varepsilon_0 E^2/2\,[\mathrm{N/m^2}]$ と表され，静電エネルギーと同じ形をもつマクスウェルの応力として表現される．すなわち，ある部分に発生する力は，そこに存在するエネルギーに比例するものであることがわかる．

図 1(a) の系における電源からの電気的エネルギーは，極板間の印加電圧を $V\,[\mathrm{V}]$，蓄積電荷量を $Q\,[\mathrm{C}]$ とおけば，電気機械結合系のもつ静電エネルギー $W_e = QV/2 = C(x)V^2/2\,[\mathrm{J}]$ に変換され，同図 (b) で表される三角形の領域に該当する．ここに，C は変位 x の関数で表される極板間の静電容量である．さらに，このエネルギーは機械系に作用して，力と変位の積である力学的エネルギー $f_a l\,[\mathrm{J}]$ に変換されることになる．すなわち，静電アクチュエータの発生力の瞬時値を変えるには，電気機械結合系の変数 V か Q のいずれかを制御すればよいことになる．

さて，現象の記述にあたって，系の物理量はつねに示強性変数と示量性変数が対として使われ，電気系では示強性変数の電圧と示量性変数の電流が存在する．また，一般に示強性変数と示量性変数の積は示量性のパワー，あるいはエネルギーとなる．上で述べたように，静電アクチュエータの場合は静電エネルギーの大きさが発生力を表現する．したがって，印加電圧と電荷量の対 (V, Q) が力の瞬時値を制御する変数になる．機械系に関しては力と変位の対 (f, x) が力学的エネルギーを表す状態変数であることはいうまでもない．そこで，電気機械結合系のエネルギーを決める電気的な変数の対を**電気端子対** (electrical terminal pair)，そして機械系の変数の対を**機械端子対** (mechanical terminal pair) とよぶ．

図 2(a) に，磁界のつくる力を利用する，強磁性体でつくられたアクチュエータモ

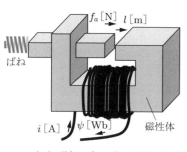

（a）磁気エネルギーを用いた
　　　電気機械結合

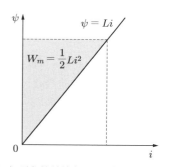

（b）電気機械結合系の磁気エネルギー

図 2　電気機械結合系のエネルギー

デルを示す．ある空間における磁気エネルギーは，磁束密度 B と磁界の強さ H によって表すことができるが，静電アクチュエータの場合と同様に，マクスウェルの応力 p_m が磁気エネルギー密度と同じ形の式，すなわち $p_m = BH/2 = B^2/2\mu_0$ [N/m^2] で表される．このアクチュエータモデルにおいては，磁気特性が線形で近似されるものとして，ギャップ部の蓄積エネルギーが，コイル電流 i [A] とコイルの磁束鎖交数 ψ [Wb] を用いて同図 (b) の三角形領域として表される．すなわち，電気機械結合系の磁気エネルギーが，変位 $l = -x$ の関数として $W_m = \psi(x)i/2 = L(x)i^2/2$ [J] と表され，これが機械系に力学的エネルギーとして与えられる．ここに，x はギャップの大きさの増加分，$L(x)$ は自己インダクタンスである．したがって，磁気アクチュエータの発生力の瞬時値は，電気機械結合系の電気端子対である電流 i か磁束鎖交数 ψ のいずれかによってしか制御できないことがわかる．そこで，通常は電源として電圧源を用いることになるが，その場合はフィードバック制御系を構成することにより，電気端子対のいずれかを制御量とし，電圧を制御入力とする形にして応答を調整しなければならない．

　磁気アクチュエータの主な構成要素には，電源につながるコイルと鉄心部分，そしてマシンによってはコイルと同様に磁界源となる永久磁石も存在する．これは，以下に述べる SPM モータや IPM モータに該当する．磁界源としてコイルと永久磁石をもつ場合，電気端子としてコイルのみを考えると，コイル電流を i，コイルの磁束鎖交数を ψ とすれば，電気機械結合系のエネルギーは $W_m = \psi i$ [J] となり，1/2 の係数をもたない式となって，表現の統一性が失われる．そこで，永久磁石を等価なコイル電流 i_P [A] で置き換えて，コイルと永久磁石に等価なコイルとの相互インダクタンスを相対距離 x を用いて $M(x)$ [H] と書けば，

$$W_m = M(x)i i_P = \frac{1}{2}\{M(x)i_P\}i + \frac{1}{2}\{M(x)i\}i_P = \frac{1}{2}\psi(x)i + \frac{1}{2}\psi_P(x)i_P$$

が得られる．すなわち，永久磁石にも電気端子対を設定することにより，電気機械結合系のエネルギーの表現の統一性が保たれることになる．ここに，ψ と ψ_P は，それぞれコイルの磁束鎖交数，永久磁石に等価なコイルの磁束鎖交数である．

　電源がつくり出す場には電界と磁界があり，これらの場はいずれも自由空間に応力を発生させるので，機械系を動かす静電アクチュエータや磁気アクチュエータに具現化できることになる．すなわち，電気的エネルギーは静電エネルギーや磁気エネルギーに変換され，力学的エネルギーに形を変える．第 1 章で述べる静電形と磁界形のモータは，回転子の形状が突極性をともにもつ．それらのトルクは，誘電体

であるのか磁性体であるかの違いはあるが，まったく同様の定式化を行うことができる．回転子はともに固定子でつくる場と同じ速度で回るものであり，同期モータに分類できる．ただし，前者はマイクロマシンに適しており，後者は通常のサイズのモータに適している．

まえがきで述べたように，磁界形の同期モータには，同期リラクタンスモータ，SPM モータ，および IPM モータの 3 種類がある（図 3）．同期リラクタンスモータは最も構造的に簡素なものであり，固定子に流す電流による磁界によって回転子の強磁性体に磁極が生じることを利用して，ギャップ部に生じる磁界がつくる力をトルクに利用するものである．SPM モータは，回転子の表面に永久磁石を配置したモータである．固定子の電流の大小にかかわらず回転子に永久磁石による磁極があるので，同期リラクタンスモータよりも効率的にトルクをつくることができる．さらに，IPM モータは，回転子の中に永久磁石を埋め込んだものである．この回転子は，同期リラクタンスモータと SPM モータを併せた性質をもっていて，同じ大きさの固定子電流に対して最も大きなトルクをつくることができるという特長がある．

同期モータの速度制御を考えると，図 4 のようになる．固定子に対する回転子の

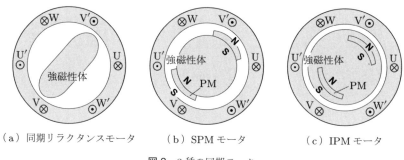

（a）同期リラクタンスモータ　　（b）SPM モータ　　（c）IPM モータ

図 3　3 種の同期モータ

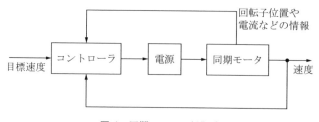

図 4　同期モータの制御系

相対位置と固定子電流の情報を得たうえで，目標速度と実際の速度を比較してコントローラで必要な演算を行い，電源の出力を指令することになる．第 1 章では，電気機器の電気エネルギーと力学的エネルギーの変換，そして損失と温度上昇の等価回路を用いた過渡的な関係について述べる．第 2 章では，電源について述べ，第 3 章では同期モータの種類と動作原理，第 4 章では制御に必要な座標変換とモデリングについて述べる．モデリングは，支配方程式を三相巻線軸，二相巻線軸および dq 軸の上で議論する．それらの座標変換は線形変換であるので三相から dq 軸に直接の変換は可能であるものの，二相巻線軸における物理的な重要性を述べて，詳しく定式化を行っている．

　コントローラの設計については線形制御設計と非線形制御設計があり，後者の場合は非常に煩雑なものとなるので，実用的な観点では前者が望まれる．一方で，前述した同期モータの中で，同期リラクタンスモータと IPM モータのダイナミクスは回転子の回転角度にともなってパラメータが変動するので，基本的には非線形制御かそれに準じる手法が必要となる．しかし，第 5 章では，線形制御理論の中でも設計が容易で，かつ直感的に理解しやすい内部モデル制御設計を採用し，それにゲインスケジューリングを併用する．これにより，非常に簡素なコントローラ設計法が得られる．

▌参考文献

[1] H.H. ウッドソン・J.R. メルヒャー（大越・二宮訳）：電気力学 1，産業図書，1974
[2] 坂本哲三：電気機器の電気力学と制御　POD 版，森北出版，2018

第1章

エネルギー変換

　同期モータの中で最も簡素な構成をもつのは，同期リラクタンスモータである．本章では，エネルギー変換の基礎と，この同期リラクタンスモータにおける，エネルギー変換の定式化を述べる．

　電磁力を求める場合，電磁界をもとにマクスウェルの応力の概念から求める方法と，集中定数回路で表した系についてエネルギーの収支の関係式から求める方法がある．前者の場合は電磁界を定式化する必要があり，多くの場合に数値解析を必要とする欠点がある．一方，後者は回路の示強変数あるいは示量変数のエネルギーとの関係式を導く方法であり，電気端子対と機械端子対という概念を用いた手法は便利である．とくに，永久磁石や超電導磁石を含む，電源をもたない要素がある系に対して，合理的な方法を提供することになる．電源からエネルギーの供給を受けて力学的エネルギーを発生させる電気駆動系に関して，本章ではエネルギーの関係式をもとに定式化を行い，電磁力の導出について詳しく議論する．

1.1　電界による駆動力の発生

　電荷を帯びた2つの物体の相互間には力がはたらく．これをエネルギーという観点で解釈すれば，電荷のもつ静電エネルギーが力学的エネルギーに変換される現象であるといえる．系のもつ静電エネルギーが減少して仕事に費やされるわけである（図 1.1）．

　電荷が多くなっても事情はもちろん同じである．系のもつ静電エネルギーが力学

図 1.1　静電エネルギーによる仕事

的エネルギーに費やされて，系の制約条件のもとで静電エネルギーが最小となるように電荷が配置されることになる．複数の電荷が離れて存在すれば，相互間に力がはたらいて仕事がなされ，その結果，系の静電エネルギーは減少する．これは，相互間の距離が変わるときエネルギーの大きさが変わるので，系は保有している静電エネルギーを小さくする向きに運動を起こすということもできる．すなわち，発生する力はポテンシャルエネルギーによる保存力である．

いま，図 1.2(a) のように場所が固定された電荷群がつくる電界の近くで，1 つの小さな塊の電荷が力を受ける状況を仮定する．ここで，この孤立電荷が電荷群との相互間の力により運動を起こす方向に x 座標系をとる．

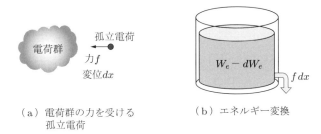

（a）電荷群の力を受ける
　　孤立電荷

（b）エネルギー変換

図 1.2　静電界による保存力

注目している孤立電荷に対して x 軸方向に作用した力を f [N] とし，微小時間 dt [s] の間に孤立電荷が dx [m] の変位を起こしたとする．変位を起こす前に，電荷群がもっていた静電エネルギーを W_e [J] とすると，エネルギー保存則から，電荷群がなした仕事 $f\,dx$ は静電エネルギーの減少分 $-dW_e$ に等しく，次式が成立する．

$$f\,dx = -dW_e \tag{1.1}$$

したがって，発生する力が

$$f = -\frac{dW_e}{dx} \tag{1.2}$$

によって求められることになる．すなわち，静電エネルギーから力学的エネルギーへの変換が行われて，その結果として生じる力の式が得られたことになる（図 1.2(b)）．

ここまで考えてきた対象は，電荷の集まりがもっていたポテンシャルエネルギーの一部が力学的な仕事に費やされるという，外部からのエネルギーの補充はないものであった．次節では視点を広げ，電荷の集まりが電気的エネルギーおよび力学的

エネルギーのやり取りを外部とするという状況を考えてみよう．ここで，「やり取り」とは，外部から力学的エネルギーをもらうことにより電気エネルギーをつくり出して与えているのであれば，それはすなわち，考えている系が発電機の役割をしているわけであり，逆の場合は系がアクチュエータとして動作していることを意味している．

1.2 静電エネルギーを介した外部とのエネルギー変換

コンデンサは静電エネルギーを蓄える素子であるが，電界は力を発生して外部と力学的な関係をつくるという側面もある．さらに，蓄えられている静電エネルギーの量は，電源との物理的関係により増減する．すなわち，コンデンサを静電アクチュエータとして発展させると，外部の電源や力学系とのエネルギーの入出力によって静電エネルギーが変化するという，エネルギー変換システムが見えてくることがわかる．

[直線運動をする系]

図 1.3 のような，2 枚の極板と，その間に一部が挟まれた誘電体という系について，系の外部には電気的エネルギーの入出力を行う電源，そして力学的エネルギーの入出力を行う力学系がつながっているものとしよう．

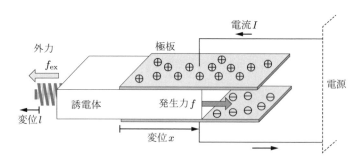

図 1.3 静電エネルギーを介したエネルギー変換

状態量の関係式に関する詳細は後述することにして，まずエネルギーの関係を導こう．系内部に含まれる静電エネルギーを W_e [J]，外部から入ってくる電気的エネルギーを W_{elec} [J]，そして外部から系になされる仕事を $W_{\mathrm{ex,work}}$ [J] とおこう．外部からエネルギーが入ると，極板間の距離や蓄積電荷量などの系の状態は初期状態

から変化し，次式が成立する．

$$W_e = W_{\mathrm{elec}} + W_{\mathrm{ex,work}}$$

いま，時間 dt [s] の間に外部にある電源から入ってきた電気的エネルギー $d'W_e$，および外部から系になされた仕事を $d'W_{\mathrm{ex,work}}$ とすれば，系内部に蓄えられる静電エネルギーの微分は

$$dW_e = d'W_{\mathrm{elec}} + d'W_{\mathrm{ex,work}} \tag{1.3}$$

によって表される．ここで，微分 d にダッシュ記号をつけている理由は，系の状態量の変化ではなく，系の外部からの単なる微小入力量であるからである．以上のエネルギーの変化について導いた関係を図 1.4 に示す．電気的エネルギー $d'W_{\mathrm{elec}}$ と力学的エネルギー $d'W_{\mathrm{ex,work}}$ のいずれか，あるいは両方が系に入ると，静電エネルギーに増加分 dW_e が発生する様子を描いている．

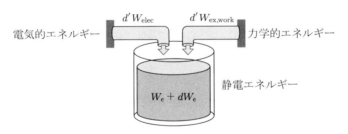

図 1.4 時間 dt におけるエネルギーの変化

さて，図 1.3 に示した外力 f_{ex} と発生力 f の関係式，および変位 x, l の関係式は，力の平衡と図から次式で与えられる．

$$f_{\mathrm{ex}} = f, \quad dx = -dl$$

したがって，外部から系になされた仕事は

$$d'W_{\mathrm{ex,work}} = f_{\mathrm{ex}}\,dx = -f\,dx$$

となる．また，系に入る電気的エネルギーは極板間の電圧を V [V] とおけば，

$$d'W_{\mathrm{elec}} = V\,dQ$$

となる．したがって，エネルギー保存則として次式を得る．

$$dW_e = V\,dQ - f\,dx \tag{1.4}$$

[回転運動をする系]

以上で示したのは直線運動をする系だった．回転運動系については，発生トルクを T [Nm]，角度変位を θ [rad] とおけば，

$$d'W_{\mathrm{ex,work}} = -T d\theta$$

と表せるので，回転運動系のエネルギー保存則は次式で与えられる．

$$dW_e = V\, dQ - T\, d\theta \tag{1.5}$$

ここで，直線運動系と回転運動系の関係については，力とトルク，そして直線変位と角度変位が対応しているに過ぎないので，以下の記述では回転運動系についてのみ定式化を示そう．

電界の形で蓄えられる系の静電エネルギー W_e は状態関数であり，電荷量 Q と角度変位 θ の大きさが決まれば W_e の大きさも決まる．したがって，W_e は全微分をもつので，

$$dW_e(Q,\theta) = \frac{\partial W_e(Q,\theta)}{\partial Q}dQ + \frac{\partial W_e(Q,\theta)}{\partial \theta}d\theta \tag{1.6}$$

と表せる．すると，式 (1.5) との差をとることにより，

$$0 = \left(\frac{\partial W_e(Q,\theta)}{\partial Q} - V\right)dQ + \left(\frac{\partial W_e(Q,\theta)}{\partial \theta} + T\right)d\theta$$

となる．この式が成り立つためには，まず右辺第 1 項より

$$V = \frac{\partial W_e(Q,\theta)}{\partial Q}$$

を得る．$W_e = Q^2/2C$ であることから，これは自明の式となっている．次に，右辺第 2 項から電磁トルクの式として

$$T = -\frac{\partial W_e(Q,\theta)}{\partial \theta} \tag{1.7}$$

を得る．

以上の議論においては，系のポテンシャルエネルギーとしての静電エネルギーを決める独立変数は電荷量 Q と角度変位 θ を用いた．最終的に得られた式によれば，従属変数としての電圧 V の大きさは，角度変位 θ を一定に保った状態で，すなわち偏微分を用いて，静電エネルギー W_e の電荷量 Q に対する増加の割合 $\partial W_e(Q,\theta)/\partial Q$ により求められる．一方で電磁トルクの大きさは，電荷量を一定に保った状態において，すなわち静電エネルギー W_e の角度変位 θ に対する減少の割

合 $-\partial W_e(Q,\theta)/\partial\theta$ という偏微分で求められることを意味する.

[ルジャンドル変換]

さて,系を記述する変数としては,電荷量 Q,角度変位 θ(直進運動の場合は変位 x),および極板間の電圧 V の3つがある.しかし,この3つの変数はもちろん互いに独立ではなく,上記の定式化においては独立変数は (Q,θ)(直進運動の場合は (Q,x))の2つであるとして定式化を進めた.すなわち,独立変数は2つであるが,ほかの独立変数の選び方として (V,θ)(直進運動の場合は (V,x))も可能である.以下で,それについて定式化を行おう.独立変数が (V,θ) のとき,W_e の全微分として,

$$dW_e(V,\theta) = \frac{\partial W_e(V,\theta)}{\partial V}dV + \frac{\partial W_e(V,\theta)}{\partial\theta}d\theta$$

を得るが,式 (1.5) との差をとっても,エネルギー保存則が dV と $d\theta$ からなるものではないので,前の場合と同様にはいかない.

そこで,**ルジャンドル変換** (Legendre transformation) を用いてエネルギー保存則を書きかえることにしよう.独立変数として Q を変数 V に入れ替える目的から,ルジャンドル変換として新たに関数 W_e' を次式により導入する.

$$W_e' = VQ - W_e \tag{1.8}$$

この式の微分をとると,次式が得られる.

$$dW_e' = Q\,dV + V\,dQ - dW_e = Q\,dV + T\,d\theta \tag{1.9}$$

すなわち,新たに導入した従属変数 $W_e'(V,\theta)$ は,独立変数として (V,θ) をもつ形に書きかえられた.ここで,W_e' を**静電随伴エネルギー** (electrostatic coenergy) とよぶ.式 (1.8) からわかるように,

$$W_e + W_e' = VQ \tag{1.10}$$

の関係にある.静電随伴エネルギーの全微分をとると,

$$dW_e'(V,\theta) = \frac{\partial W_e'(V,\theta)}{\partial V}dV + \frac{\partial W_e'(V,\theta)}{\partial\theta}d\theta \tag{1.11}$$

が得られるので,これと式 (1.9) との差をとることにより,独立変数を (V,θ) としたときの電磁トルク T [Nm] の式を,以下のように得ることができる.

$$T = \frac{\partial W_e'(V,\theta)}{\partial\theta} \tag{1.12}$$

[複数個の端子対]

いま，系が N 個の電気端子対と，M 個の機械端子対を含んでいるものとする．可動子の変位について，ξ_j を j 番目の直線変位 x_j あるいは j 番目の角度変位 θ_j を表すものとする．このとき，静電エネルギー W_e と静電随伴エネルギー W_e' が電気端子対の個数 N についての線形和として次式で書けることは明らかである．

$$W_e(Q_1, Q_2, \ldots, Q_N; \xi_1, \xi_2, \ldots, \xi_M) = \sum_{j=1}^{N} W_{ej}$$

$$W_e'(V_1, V_2, \ldots, V_N; \xi_1, \xi_2, \ldots, \xi_M) = \sum_{j=1}^{N} W_{ej}' \tag{1.13}$$

$$W_{ej} = \int V_j dQ_j, \quad W_{ej}' = \int Q_j dV_j$$

このとき，力 f_j [N] とトルク T_j [Nm] $(j=1,2,\ldots,M)$ は以下のように与えられる．

$$
\begin{aligned}
f_j &= -\frac{\partial W_e}{\partial x_j} \\
&= \frac{\partial W_e'}{\partial x_j} \\
T_j &= -\frac{\partial W_e}{\partial \theta_j} \\
&= \frac{\partial W_e'}{\partial \theta_j}
\end{aligned}
\tag{1.14}
$$

複数の電気端子対と機械端子対をもつ一般の系についての，電磁力を求める以上の公式を表1.1にまとめて示す．

表1.1 独立変数に対する電磁力の公式

	直線運動系 変数：直線変位 $x_1,\ldots,x_M$	回転運動系 変数：角度変位 $\theta_1,\ldots,\theta_M$
変数：電荷量 $Q_1,\ldots,Q_N$	$f_j = -\dfrac{\partial W_e(Q_1,\ldots,Q_N;x_1,\ldots,x_M)}{\partial x_j}$	$T_j = -\dfrac{\partial W_e(Q_1,\ldots,Q_N;\theta_1,\ldots,\theta_M)}{\partial \theta_j}$
変数：電圧 $V_1,\ldots,V_N$	$f_j = \dfrac{\partial W_e'(V_1,\ldots,V_N;x_1,\ldots,x_M)}{\partial x_j}$	$T_j = \dfrac{\partial W_e'(V_1,\ldots,V_N;\theta_1,\ldots,\theta_M)}{\partial \theta_j}$

例題 1.1 図1.5に示すモデルについて，誘電体の誘電率 ε は一定であるとして，電源電圧 V を与えたときの発生力を求めよ．ただし，電界分布の端効果は無視せよ．

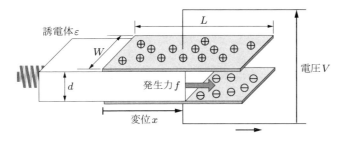

図 1.5 極板間に部分的に挟まれた誘電体

[解] 図 1.5 より，極板間の誘電体の体積が $Wxd\,[\mathrm{m}^3]$，空気の部分の体積は $W(L-x)d\,[\mathrm{m}^3]$ であるから，電源電圧 $V\,[\mathrm{V}]$ を与えたときの静電エネルギーは，次式で表される.

$$W_e = \frac{\varepsilon}{2}\left(\frac{V}{d}\right)^2 Wxd + \frac{\varepsilon_0}{2}\left(\frac{V}{d}\right)^2 W(L-x)d \tag{1.15}$$

ここで，誘電率 ε は一定値であることにより，電荷量 Q と電圧 V の関係は直線で表されるので，式 (1.4) と式 (1.10) から $dx = 0$ とおけば，系のもつ静電エネルギーと静電随伴エネルギーは図 1.6 のように表される. すなわち，静電エネルギーと静電随伴エネルギーの大きさは等しいので，

$$W_e = W_e'$$

となる. ゆえに，誘電体の断面積を $S = Wd\,[\mathrm{m}^2]$ とおけば，変位 x の正の方向に発生する力 $f\,[\mathrm{N}]$ は，表 1.1 の公式により，

$$f = \frac{\partial W_e'(V, x)}{\partial x} = \frac{\varepsilon}{2}\left(\frac{V}{d}\right)^2 S - \frac{\varepsilon_0}{2}\left(\frac{V}{d}\right)^2 S = \frac{1}{2}(\varepsilon - \varepsilon_0)\left(\frac{V}{d}\right)^2 S \tag{1.16}$$

となり，誘電体は極板間に引き込まれる力を受けることがわかる.

[補足] 誘電率 ε の空間において電界がつくる電気力管に関して，マクスウェルの応力とは，長さ方向に単位面積あたり $\varepsilon E^2/2$ の張力，側面には同様に単位面積あたり $\varepsilon E^2/2$

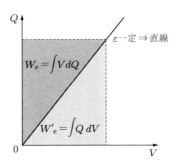

図 1.6 静電エネルギーと静電随伴エネルギーの関係

の圧力が作用するというものである.

　これをいまの例題に適用してみる. 極板間の電界の強さは $E = V/d \, [\text{V/m}]$ と表されるので, マクスウェルの応力の式によれば, 極板間の誘電体と空気の境界における誘電体側で $\varepsilon E^2/2 \, [\text{N/m}^2]$ の右方向の応力, そして一方では空気側から $\varepsilon_0 E^2/2 \, [\text{N/m}^2]$ の左方向の応力が作用する. これら応力の作用する断面積が S であることから, 容易に上記と同一の力の式が得られる. 電界の式が簡単な式で得られる場合は, マクスウェルの応力の式は非常に便利な方法となる.

例題 1.2　図 1.7 に回転形静電アクチュエータのモデルを示す. 回転子は誘電体でつくられ, 固定子においては三相電源が電極に接続されている. さらに, 電極片は $\pi/3 \, \text{rad}$ の間隔で配置されており, 端子間 UU′, VV′, WW′ の静電容量はそれぞれ次式で与えられるものとする.

$$C_U(\theta) = C_0 + C_1 \cos 2\theta$$
$$C_V(\theta) = C_0 + C_1 \cos\left\{ 2\left(\theta - \frac{2\pi}{3}\right) \right\}$$
$$C_W(\theta) = C_0 + C_1 \cos\left\{ 2\left(\theta - \frac{4\pi}{3}\right) \right\}$$

ここに, C_0 および C_1 は定数であり, 静電容量は正の値をもつので $C_0 > C_1$ の関係にある.

　図の角度変位 θ が負のある値 $-\delta$ のときに, U 相の電極間に正の最大電圧を与えるタイミングでシステムを動かせば, 時計方向のトルクが発生する. そこで,

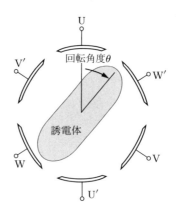

図 1.7　静電アクチュエータモデル

時間 $t = 0$ において $\theta = 0$ とし，印加される電源電圧の最大値を V_m [V]，角周波
数を ω [rad/s] とおき，定数 δ を用いて以下の式で電源電圧を与える．

$$v_U(t) = V_m \cos(\omega t + \delta)$$

$$v_V(t) = V_m \cos\left(\omega t + \delta - \frac{2\pi}{3}\right)$$

$$v_W(t) = V_m \cos\left(\omega t + \delta - \frac{4\pi}{3}\right)$$

このとき，持続的に発生する有効なトルクを得るための定数 δ を求めよ．

[**解**] まず，三相電源で駆動されていることから，電圧 v_U, v_V, v_W [V] と電荷
Q_U, Q_V, Q_W [C] の変数を用いて，3 つの電気端子対 $(v_U, Q_U), (v_V, Q_V), (v_W, Q_W)$
をもつ系であることがわかる．電圧駆動を意味する問題となっているので，静電随伴エ
ネルギーによるトルクの導出を行うことになり，静電随伴エネルギー W_e' は 3 つの電気
端子対に関する和として与えられ，次式となる．

$$W_e' = \frac{1}{2}C_U(\theta)v_U^2 + \frac{1}{2}C_V(\theta)v_V^2 + \frac{1}{2}C_W(\theta)v_W^2 \tag{1.17}$$

電極に電圧を与えると，電界が発生することで静電誘導により回転子の誘電体表面に電
荷が生じ，電極と回転子間に力が発生，すなわち回転子にはトルクが発生する．電極の
電圧のかかっている状態は，電圧波形の 1 周期で元に戻ることから，三相の電源によっ
てつくられる電界の分布の角速度を ω_f [rad/s] とおくと，このモデルの場合は電源電圧
の角周波数 ω と等しくなって，$\theta = \omega_f t = \omega t$ が成立することがわかる．

静電随伴エネルギーの式を用いてトルクを求めると，

$$
\begin{aligned}
T &= \frac{\partial W_e'}{\partial \theta} \\
&= \frac{v_U^2}{2}\frac{dC_U(\theta)}{d\theta} + \frac{v_V^2}{2}\frac{dC_V(\theta)}{d\theta} + \frac{v_W^2}{2}\frac{dC_W(\theta)}{d\theta} \\
&= -C_1 v_U^2 \sin 2\theta - C_1 v_V^2 \sin 2\left(\theta - \frac{2\pi}{3}\right) - C_1 v_W^2 \sin\left(\theta - \frac{4\pi}{3}\right)
\end{aligned}
$$

となる．さらに，$\theta = \omega t$ を用いて，

$$\cos^2(\theta + \delta) = \frac{1}{2}\{1 + \cos 2(\theta + \delta)\}$$

$$\cos^2\left(\theta + \delta - \frac{2\pi}{3}\right) = \frac{1}{2}\left\{1 + \cos 2\left(\theta + \delta - \frac{2\pi}{3}\right)\right\}$$

$$\cos^2\left(\theta + \delta - \frac{4\pi}{3}\right) = \frac{1}{2}\left\{1 + \cos 2\left(\theta + \delta - \frac{4\pi}{3}\right)\right\}$$

となる．また，以下の式も成り立つ．

$$\sin 2\theta\{1 + \cos 2(\theta + \delta)\} + \sin\left\{2\left(\theta - \frac{2\pi}{3}\right)\right\}\left[1 + \cos\left\{2\left(\theta + \delta - \frac{2\pi}{3}\right)\right\}\right]$$

$$+ \sin\left\{2\left(\theta - \frac{4\pi}{3}\right)\right\} \left[1 + \cos\left\{2\left(\theta + \delta - \frac{4\pi}{3}\right)\right\}\right]$$

$$= \sin 2\theta \cos(2\theta + 2\delta) + \sin\left(2\theta - \frac{4\pi}{3}\right)\cos\left(2\theta + 2\delta - \frac{4\pi}{3}\right)$$

$$+ \sin\left(2\theta - \frac{2\pi}{3}\right)\cos\left(2\theta + 2\delta - \frac{2\pi}{3}\right)$$

$$= \frac{1}{2}\{\sin(4\theta + 2\delta) - \sin 2\delta\} + \frac{1}{2}\left\{\sin\left(4\theta + 2\delta - \frac{4\pi}{3}\right) - \sin 2\delta\right\}$$

$$+ \frac{1}{2}\left\{\sin\left(4\theta + 2\delta - \frac{2\pi}{3}\right) - \sin 2\delta\right\} = -\frac{3}{2}\sin 2\delta$$

したがって，誘電体でつくられた回転子の突極性によって，次式で表されるトルク T [Nm] が得られることになる．

$$T = \frac{3}{4}C_1 V_m^2 \sin 2\delta = T_m \sin 2\delta \tag{1.18}$$

ここに，

$$T_m = \frac{3}{4}C_1 V_m^2$$

である．

図 1.8 に，電源電圧の時間的な変化に従って，固定子と回転子に生じる電荷の定性的表現とともに，トルクの特性を示す．

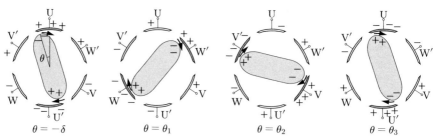

（a）回転子の動きに応じた電荷の変化

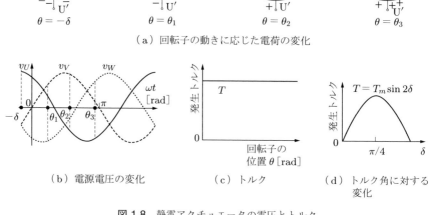

（b）電源電圧の変化　　　　（c）トルク　　　　（d）トルク角に対する変化

図 1.8　静電アクチュエータの電圧とトルク

　さて，回転子が回転して，その突極部分がいずれかの電極の中心部分に差し掛かったときに最大の電圧を印加することは，径方向の力をむだにつくってしまい，有効なトルクを生じさせることにはならない．すなわち，正弦波の電圧の最大値がそのタイミングでつくられるようにすると，時間平均としてのトルクは 0 となり，負荷トルクがまったくない場合の運転に相当する．負荷トルクがあるときにそれに打ち勝って回転させるためには，同図 (a) の回転角度 $\theta = -\delta$ に示すように，ある回転角度 δ だけ進んだ空間的位相で最大電圧を発生，すなわち電極に最大の電荷を発生させる必要がある．無負荷の状態よりも負荷トルクの分だけ δ の位相で電源電圧を進めて発生させれば，負荷に打ち勝って有効なトルクを発生させることができることになり，磁界を利用した後出の同期リラクタンスモータにならって，この角度を本書では**トルク角** (torque angle) と呼称することにする．

　話をもとに戻すと，同図 (b) に示す三相電源電圧を印加したとき，電荷量と電圧の関係式 $Q = CV$ からわかるように，電圧が最大になるときに電極に誘導される電荷も最大となる．すると，変位が $-\delta, \theta_1, \theta_2, \theta_3$ と進んでいくとき，たとえば UU$'$ の電極において電圧が正の値であれば電極 U に正の電荷，負の値であれば電極 U$'$ に正の電荷が現れるので，固定子と回転子に図のような電荷分布がつくられる．この結果，3 相の有効な合計トルクが同図 (c) のように得られ，負荷の大きさが変化したときには，δ を関数として同図 (d) のようにトルクの大きさが変化する．

　固定子の電極に対する回転子の位置に加え，印加電圧の位相と最大値はトルクの大きさを左右するので，起動に際しては加速時に必要なトルクを得るために，$0 \leqq \delta < \pi/4$ のトルク角が確保できるように電源電圧は与えることになる．さらに，運転中に負荷の大きさが変化したとき，$0 \leqq \delta < \pi/4$ のトルク角の範囲内であれば負荷とつり合うトルク角 δ に変化して運転を続けることができる．つまり，この範囲ではモータの発生するトルクと負荷トルクの平衡点は安定であるといえる．これが，本例題の答えになる．一方，トルク角がこれを超えると，不安定な平衡点をつくることになり，モータは脱調，つまり失速することになる．

［補足］　図 1.9 に，同じモデルに対して UVW の各相の電圧が発生するトルクの波形を

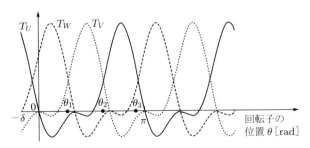

図 1.9　静電アクチュエータの回転子の位置に対する各相のトルク成分の変化

示す．合計すれば，すでに述べたように一定値となるが，回転子の位置が移動するに従って各相のトルク成分 T_U, T_V, T_W はそれぞれ変化していることがまずわかる．回転子の角度変位が $\theta = -\delta$ においては U 相の発生するトルクがほとんどを占め，回転子の突極部分が U と W' の電極の間にあるときは W 相のトルクが大きいが，W 相の電極に近づくにつれて急速に W 相のトルク成分は減少する $(\theta = \theta_1)$．次いで，V 相の電極に近づく $\theta = \theta_2$ の位置，さらに U' の電極に近づく $\theta = \theta_3$ の位置も同様に変化している．各トルク成分の最大値は，各電極の中心から空間位相において約 40° だけ前のところで生じている．

ところで，同じ強さの電界のもとで，導体のほうが誘電体よりもより多くの電荷を誘導するが，回転子に導体を使うという可能性はあるだろうか．その場合は，電界分布が変化するごとに電荷の移動，すなわち電流が流れてジュール損を生じることになる．したがって，誘電体にも実際は多少の損失が存在するにせよ，回転子には誘電体を用いることになる．

この節における物理的に重要な点は，**静電エネルギーを利用したアクチュエータの発生力の瞬時値を変えるには，電圧 V か電荷 Q を制御する必要がある**ということである．

1.3 磁気エネルギーを介した外部とのエネルギー変換

電界と同様に，磁界が生じるとその空間には磁界分布の形状に応じて応力が発生する．電界は静電エネルギーをもつが，電流や磁石によって生じる磁界は磁気エネルギーをもち，電源を使って電流を変化させることで磁気エネルギーの増減が可能となる．すなわち，電磁石などの系に電気的エネルギーの供給をすると，その一定の割合が磁気エネルギーに形を変え，逆に蓄えている磁気エネルギーを電気的エネルギーに変換することも可能である．また，電源の電流が同じ大きさであっても，強磁性体を置くことで，はるかに強い磁界を発生させることができるので，電磁石をはじめとした機器では強磁性体が利用される．

図 1.10 に電磁石のモデルを示す．これは，磁気エネルギーを蓄える部分，電流を流す電気的エネルギーを供給する部分，そして力を発生して仕事をする力学的な部分からなる．コイルに電流が流れると磁界が発生し，強磁性体を磁化して，強磁性体がない場合に比べて強い磁界がつくられる．強磁性体の切れ目となるギャップの部分では磁荷が現れ，正の値の磁荷は N 極に相当し，負の磁荷は S 極に相当する．

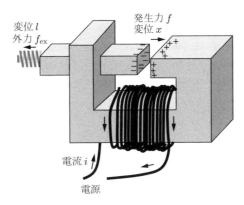

図 1.10 磁気エネルギーを介したエネルギー変換

図の可動部の左端には外力を発生させる部分を示しており，右側のギャップ部分には吸引力が発生し，両者の力がつり合うギャップ長で定常となる．電気的エネルギーを供給する電源と，力学的なエネルギーをもつ機械的な部分が，いま注目する磁気エネルギーを蓄えて力を発生させる系とエネルギーの授受を行うことになる．

微小時間 dt [s] の間に，電源から供給される電気的エネルギーを $d'W_\text{elec}$ [J]，系になされた力学的な仕事を $d'W_\text{ex,work}$ とおけば，系がもつ磁気エネルギーの増加分 dW_m は次式で与えられる．

$$dW_m = d'W_\text{elec} + d'W_\text{ex,work} \tag{1.19}$$

ここで，微分記号 d にダッシュ記号をつけている理由は，静電エネルギーの場合と同様で，系の状態変数の微小変化量ではなく，系の外部からの微小入力量であることによる．エネルギーの収支を表現すると，図 1.11 のようになる．系の外部からの電気的エネルギー $d'W_\text{elec}$ [J] と力学的エネルギー $d'W_\text{ex,work}$ [J] の流入は，系の蓄えている磁気エネルギーの増加 dW_m [J] をつくる．

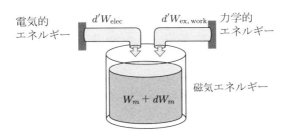

図 1.11 時間 dt におけるエネルギーの変化

外力を f_{ex} [N]，系の発生力を f [N]，可動部のギャップを x [m]，外力に沿う変位を l [m]，電源電圧を v [V]，コイル電流を i [A]，発生した磁界によるコイル自身への磁束鎖交数を ψ [Wb] とおけば，$d'W_{ex,work}$ と $d'W_{elec}$ は次式で与えられる．

$$d'W_{ex,work} = f_{ex}\,dl = -f\,dx$$

$$d'W_{elec} = vi\,dt = \frac{d\psi}{dt}i\,dt = i\,d\psi$$

この 2 つの式を式 (1.19) に代入すると，直線運動をする系については次式を得る．

$$dW_m = i\,d\psi - f\,dx \tag{1.20}$$

一方，回転運動系については，発生トルクを T [Nm]，角度変位を θ [rad] とおけば，

$$dW_m = i\,d\psi - T\,d\theta \tag{1.21}$$

を得る．

さて，発生力の定式化について前節と同様に議論を進める．式 (1.20) と式 (1.21) は独立変数として，それぞれ $(\psi, x), (\psi, \theta)$ を用いており，この場合について発生力と発生トルクの式を導こう．直進運動系についての W_m の全微分は，

$$dW_m(\psi, x) = \frac{\partial W_m(\psi, x)}{\partial \psi}d\psi + \frac{\partial W_m(\psi, x)}{\partial x}dx \tag{1.22}$$

と表すことができ，回転運動系については，

$$dW_m(\psi, \theta) = \frac{\partial W_m(\psi, \theta)}{\partial \psi}d\psi + \frac{\partial W_m(\psi, \theta)}{\partial \theta}d\theta \tag{1.23}$$

と表せる．それぞれの運動系について，エネルギー保存則の式と全微分の式の差をとることで，直進運動系の力 f [N] は

$$f = -\frac{\partial W_m(\psi, x)}{\partial x} \tag{1.24}$$

となり，回転運動系についての発生トルク T [Nm] は

$$T = -\frac{\partial W_m(\psi, \theta)}{\partial \theta} \tag{1.25}$$

となる．

以上，独立変数として (ψ, x) や (ψ, θ) について定式化を行った．次に，磁束鎖交数にかわって電流を変数として考え，独立変数を (i, x) や (i, θ) と設定した場合について見てみよう．この場合のルジャンドル変換として，次式を用いる．

$$W_m' = i\psi - W_m \tag{1.26}$$

この式の微分をとると，直進運動系について次式が得られる．

$$dW'_m = i\,d\psi + \psi\,di - dW_m = \psi\,di + f\,dx \tag{1.27}$$

ここで，W'_m は磁気随伴エネルギーとよぶ．前節と同様にして，全微分の式との差をとることにより，直進運動系の発生力 f [N] の式は

$$f = \frac{\partial W'_m(i,x)}{\partial x} \tag{1.28}$$

となる．また，回転運動系についての発生トルク T [Nm] は

$$T = \frac{\partial W'_m(i,\theta)}{\partial \theta} \tag{1.29}$$

となる．

　さて，前節の電界系の議論と同様に，以上の定式化を複数の電気端子対と複数の機械端子対の場合に拡張する．電気端子対における変数は磁束鎖交数と電流であり，その積はエネルギーとなる．なお，これまでの議論からわかるように，磁界を介したエネルギーの変換において，独立変数として電圧は含まれないことに注意しなければならない．この事実は，磁束鎖交数か電流のいずれかが電磁力の瞬時値を変化させることができるが，電圧の瞬時値と電磁力の瞬時値の間にはダイナミクスが含まれるということである．

　N 個の電気端子対と M 個の機械端子対を考え，磁気エネルギー W_m と磁気随伴エネルギー W'_m は，変数 ξ_j を j 番目の直線変位 x_j，あるいは j 番目の角度変位 θ_j を表すものとして，

$$
\begin{aligned}
W_m(\psi_1, \psi_2, \ldots, \psi_N; \xi_1, \xi_2, \ldots, \xi_M) &= \sum_{j=1}^{N} W_{mj} \\
W'_m(i_1, i_2, \ldots, i_N; \xi_1, \xi_2, \ldots, \xi_M) &= \sum_{j=1}^{N} W'_{mj} \\
W_{mj} = \int i_j\,d\psi_j, \quad W'_{mj} &= \int \psi_j\,di_j
\end{aligned}
\tag{1.30}
$$

と表せる．したがって，力 f_j [N] とトルク T_j [Nm] $(j=1,2,\ldots,M)$ は以下のように与えられる．

$$
\begin{aligned}
f_j &= -\frac{\partial W_m}{\partial x_j} = \frac{\partial W'_m}{\partial x_j} \\
T_j &= -\frac{\partial W_m}{\partial \theta_j} = \frac{\partial W'_m}{\partial \theta_j}
\end{aligned}
\tag{1.31}
$$

表 1.2 独立変数に対する電磁力の公式

	直線運動系 変数:直線変位 $x_1,\dots,x_M$	回転運動系 変数:角度変位 $\theta_1,\dots,\theta_M$
変数:磁束鎖交数 $\psi_1,\dots,\psi_N$	$f_j = -\dfrac{\partial W_m(\psi_1,\dots,\psi_N;x_1,\dots,x_M)}{\partial x_j}$	$T_j = -\dfrac{\partial W_m(\psi_1,\dots,\psi_N;\theta_1,\dots,\theta_M)}{\partial \theta_j}$
変数:電流 $i_1,\dots,i_N$	$f_j = \dfrac{\partial W'_m(i_1,\dots,i_N;x_1,\dots,x_M)}{\partial x_j}$	$T_j = \dfrac{\partial W'_m(i_1,\dots,i_N;\theta_1,\dots,\theta_M)}{\partial \theta_j}$

複数の電気端子対と複数の機械端子対をもつ一般の系について,電磁力を求める公式として,表1.2 にまとめて示す.

例題 1.3 図 1.12 に示す電磁石のモデルについて,電磁石の発生する吸引力と,図の左端に示すばねの復元力がつり合って,ギャップが $x\,[\mathrm{m}]$ の状態にあるものとする.なお,ギャップ部分以外は強磁性体でつくられ,その透磁率は空気に比べてはるかに大きく,鉄心部の磁気抵抗は無視できるものとする.ギャップに形成される磁束の断面積の平均値を $S\,[\mathrm{m}^2]$,空気の透磁率を μ_0,コイルの巻数を N,電流を $i\,[\mathrm{A}]$ としたときの発生力 $f\,[\mathrm{N}]$ を求めよ.

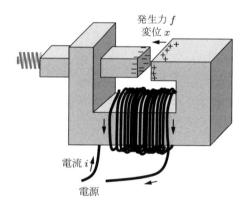

発生力 f
変位 x

電流 i

電源

図 1.12 可動部を持つ電磁石モデル

[解] 電気回路は電流の流れを表すものであるが,「磁束の流れ」を表現する回路を考え,電気回路の電気抵抗に対応して**磁気抵抗** (reluctance) を定義することができる.一般に,磁束の通る断面積を $S\,[\mathrm{m}^2]$,長さを $l\,[\mathrm{m}]$,透磁率を μ とおいたとき,磁気抵抗は $R_m = l/(\mu S)$ と表され,**磁気回路** (magnetic circuit) が定義される.さらに,電気回路の起電力に対しては,**起磁力** (magnetomotive force; mmf) が定義され,コイルのつくる起磁力は巻数に電流を乗じて $V_m = Ni\,[\mathrm{A}]$ と表される.磁気回路における,電気回路のオームの法則に双対な関係式が成立し,起磁力と磁束 $\phi\,[\mathrm{Wb}]$ の関係式として

$$\phi = \frac{V_m}{R_m} \tag{1.32}$$

が成立する.

さて,この問題のモデルの場合,仮定により強磁性体でつくられる鉄心部分は空気よりも透磁率が非常に大きいということから,鉄心部分の磁気抵抗を無視すれば,空気の透磁率 μ_0 を用いて,磁気抵抗が次式で求められる.

$$R_m = \frac{x}{\mu_0 S}$$

したがって,磁束を $\phi\,[\mathrm{Wb}]$ とおけば,

$$\phi = \frac{Ni}{R_m} = \frac{\mu_0 S N i}{x}$$

となる.コイルへの磁束鎖交数 ψ は,磁束に巻数を乗じて,

$$\psi = N\phi = \frac{\mu_0 S N^2 i}{x} = L(x)i \tag{1.33}$$

と表される.ここに,$L(x) = \mu_0 S N^2/x\,[\mathrm{H}]$ はこの電磁石の自己インダクタンスである.したがって,磁気エネルギー W_m は次式で与えられる.

$$W_m = \frac{1}{2}\psi(x)i = \frac{1}{2}L(x)i^2 = \frac{\psi^2}{2L(x)} \tag{1.34}$$

独立変数を (ψ, x) と選べば,表の公式により発生力 $f\,[\mathrm{N}]$ が次式で得られる.

$$f = -\frac{\partial W_m(\psi, x)}{\partial x} = -\frac{\psi^2}{2}\frac{d}{dx}\left\{\frac{1}{L(x)}\right\} = -\frac{\mu_0 S N^2 i^2}{2x^2} \tag{1.35}$$

一方で,独立変数を (i, x) と選べば,表の磁気随伴エネルギーを用いた公式を選んで,$W_m = W_m'$ であることにより,発生力 $f\,[\mathrm{N}]$ は,

$$f = \frac{\partial W_m'(i, x)}{\partial x} = \frac{i^2}{2}\frac{dL(x)}{dx} = -\frac{\mu_0 S N^2 i^2}{2x^2} \tag{1.36}$$

となって,もちろん同一の解を得る.得られた電磁力は,ギャップ長の逆2乗に比例し,電流の2乗に比例していることが導かれている.負の符号が意味することは,変位の正の方向がギャップが増加する向きであることから,図 1.13 に示すようにギャップを減少させる方向に,すなわち吸引力が発生することが表されている.

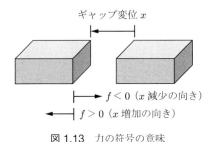

図 1.13 力の符号の意味

▌1.4 同期リラクタンスモータのエネルギー変換

図 1.14 に回転形磁気アクチュエータのモデルを示す．固定子と回転子は強磁性体でつくられ，固定子には三相電源の各相の電圧が，$2\pi/3\,\mathrm{rad}$ の間隔で配置されたそれぞれのコイルに接続されている．ここに示した形のアクチュエータは，回転子の突極性によって生じる磁気抵抗の変化を利用してトルクを得ることができることから，**同期リラクタンスモータ** (synchronous reluctance motor) とよばれる．なお，この図のモデルはわずか 6 個のスロットを用いてコイルが埋め込まれた形となっているが，実際のモータにおいてはコイル電流のつくる空間的な高調波磁界がなるべく生じないように，固定子のコイルは多くのスロットを用いて分布させた形として，なるべく空間的に正弦波となるように工夫されていることに注意する．

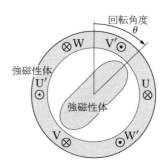

図 1.14 同期リラクタンスモータ

U 相のコイル UU'，V 相のコイル VV'，そして W 相のコイル WW' の自己インダクタンスをそれぞれ $L_U\,[\mathrm{H}]$, $L_V\,[\mathrm{H}]$, $L_W\,[\mathrm{H}]$ とする．図 1.15 に回転子の角度が変化して固定子と回転子の相対関係が変わる様子を示すが，各コイルの自己インダクタンスは回転角度に応じて変化する．同図 (a) に示す回転角度が $\theta = 0$ のときは U 相のコイルに最大の磁束鎖交数，すなわち U 相のコイルの自己インダクタンス L_U が最大となる．同図 (b) における $\theta = 2\pi/3$ のときは，V 相のコイルの自己インダクタンス L_V，そして同図 (c) の $\theta = 4\pi/3$ のときは，W 相のコイルの自己インダクタンス L_W が最大値をもつことがわかる．

自己インダクタンスをより正確に定式化するには，相間に生じる磁気的な相互誘導も考慮しなければならない．しかし，ここでは相互誘導の効果はとりあえず無視して，簡易なモデルを用いて電磁力を求めることにしよう．相互誘導の定式化につ

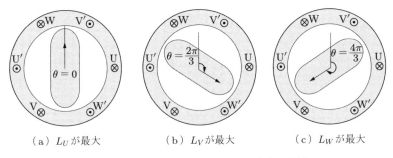

（a）L_U が最大　　　（b）L_V が最大　　　（c）L_W が最大

図 1.15　自己インダクタンスと回転角度の関係

いては，第 4 章で座標変換の手法とともに述べる．相互誘導を無視した場合においても，トルクの定性的な検討に関しては十分に妥当性をもつが，トルクの大きさの計算に誤差が生じてしまうことに注意しておく．

　図で検討した結果をもとに各相の自己インダクタンスを求めると，空間高調波磁界のない理想的な設計を想定して，次式で表現することができる．

$$L_U(\theta) = L_0 + L_1 \cos 2\theta$$

$$L_V(\theta) = L_0 + L_1 \cos\left\{2\left(\theta - \frac{2\pi}{3}\right)\right\}$$

$$L_W(\theta) = L_0 + L_1 \cos\left\{2\left(\theta - \frac{4\pi}{3}\right)\right\}$$

　コイルのつくる面に対して垂直な向きを**巻線軸** (winding axis) という．回転子がいずれかの巻線軸を向いたとき，そのコイルの電流にとっては最も多くの磁束を発生させることができるので，自己インダクタンスは最大値となる．一方，回転子が巻線軸と垂直になるときには最小値となる．また，つねに回転子を通ることのない，いわゆる漏れ磁束が存在するが，漏れ磁束をインダクタンスとして表した**漏れインダクタンス** (leakage inductance) は，回転子の位置にかかわらず一定値となることはいうまでもない．したがって，漏れインダクタンスを l [H] とおき，回転子を通る磁束に相当する有効自己インダクタンスの最大値と最小値をそれぞれ $L_{\max}$ [H], $L_{\min}$ [H] とおけば，

$$L_0 - L_1 = l + L_{\min}, \quad L_0 + L_1 = l + L_{\max}$$

の関係にある．

例題 1.4 図 1.14 のような同期リラクタンスモータにおいて，コイル電流を最大値 I_m と定数 δ を用いて以下の式で与えるものとする．このとき，持続的に発生する有効なトルクを得るための定数 δ を求めよ．

$$i_U(t) = I_m \cos(\omega t + \delta)$$

$$i_V(t) = I_m \cos\left(\omega t + \delta - \frac{2\pi}{3}\right)$$

$$i_W(t) = I_m \cos\left(\omega t + \delta - \frac{4\pi}{3}\right)$$

[解] 三相電源で駆動されていることから，磁束鎖交数 ψ_U, ψ_V, ψ_W [Wb] と電流 i_U, i_V, i_W [A] の変数を用いて，**3 つの電気端子対** $(\psi_U, i_U), (\psi_V, i_V), (\psi_W, i_W)$ **をもつ系**であることがわかる．電流の式が与えられていることから，電流駆動を意味する問題となっているので，磁気随伴エネルギーによるトルクの導出を行うことになる．磁気随伴エネルギー W'_m [J] は 3 つの電気端子対に関する和として与えられ，次式となる．

$$W'_m = \frac{1}{2}L_U(\theta)i_U^2 + \frac{1}{2}L_V(\theta)i_V^2 + \frac{1}{2}L_W(\theta)i_W^2 \tag{1.37}$$

トルクを求めると，

$$
\begin{aligned}
T &= \frac{\partial W'_m}{\partial \theta} \\
&= \frac{i_U^2}{2}\frac{dL_U(\theta)}{d\theta} + \frac{i_V^2}{2}\frac{dL_V(\theta)}{d\theta} + \frac{i_W^2}{2}\frac{dL_W(\theta)}{d\theta} \\
&= -L_1 i_U^2 \sin 2\theta - L_1 i_V^2 \sin 2\left(\theta - \frac{2\pi}{3}\right) - L_1 i_W^2 \sin\left(\theta - \frac{4\pi}{3}\right)
\end{aligned}
$$

を得る．

固定子のコイルに電流が流れると，磁界が発生して回転子の強磁性体が磁化されるので，ともに磁化された固定子と回転子の間に力が発生，すなわち回転子にはトルクが発生する．このモデルは，固定子電流がつくる空間的な磁界分布は，電流の時間的変化の 1 周期で元に戻ることから，三相の電源によってつくられる磁界の分布の角速度 ω_f [rad/s] は，このモデルの場合は固定子電流の角周波数 ω と等しくなって，$\theta = \omega_f t = \omega t$ が成立する．$\theta = \omega t$ を固定子電流の式に代入してトルクの式を変形すると，前に述べた静電アクチュエータの例題とまったく同様の式を得ることになり，以下のようにトルク T [Nm] の式が得られる．

$$T = \frac{3}{4}L_1 I_m^2 \sin 2\delta = T_m \sin 2\delta \tag{1.38}$$

ここに，

$$T_m = \frac{3}{4}L_1 I_m^2$$

である．

　なお，ここでは各相の自己インダクタンスが回転子の回転とともに変化することによる磁気随伴エネルギーの変化が起こすトルクを求めたが，正確には 4.1 節に示す相間の相互インダクタンスの変化がもたらす磁気随伴エネルギーの変化も含まれなければならない．

　さて，図 1.16 に，電流を変化させたときの固定子と回転子に生じる鉄心の磁化の変化とともに，トルクの特性を示す．例題 1.2 のトルクの式との類似性からわかるように，図 1.7 と図 1.14 に示したアクチュエータの動作原理は誘電体の分極を利用するか，あるいは強磁性体の磁化による磁極を利用するかの違いである．さらに，独立変数に視点を置いてみるとわかるように，静電アクチュエータの場合は電圧か電荷によって発生力を直接に制御するが，磁気アクチュエータにおいては電流か磁束鎖交数の大きさにより発生力が決定されるという点が，物理的に重要といえる．電圧は電流を決めるための間接的な入力量であり，発生力の制御には電流制御が必要となる．

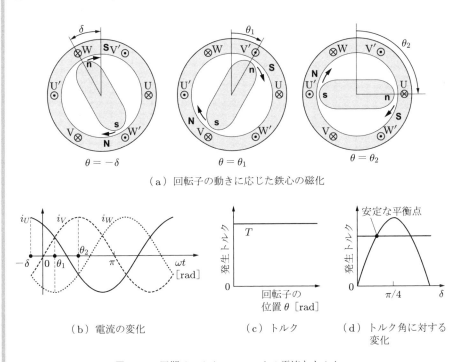

（a）回転子の動きに応じた鉄心の磁化

（b）電流の変化　　　（c）トルク　　　（d）トルク角に対する変化

図 1.16　同期リラクタンスモータの電流とトルク

　固定子に電流を流すと，その磁界により固定子の鉄心が磁化されるとともに，回転子の鉄心も同時に磁化され，その結果として固定子と回転子の間に力が発生すると理解できる．しかし，固定子の磁極と回転子の磁極が同じ位置に向かい合う形になっていると，径方向の力しか生じず，トルクは発生しない．したがって，回転子を継続して回転

させるには，固定子の磁極は回転子の磁極に対して回転方向にずらして発生させる必要がある．つまり，同図 (a) に示す回転子の角度 $\theta = -\delta$ [rad] に示すように，回転子に対して負荷トルクに相当する角度 δ だけ進んだ空間的位相に磁極を発生させる，すなわち電流を流す必要がある．無負荷の状態よりも負荷トルクの大きさを表すトルク角 δ の位相分だけ，電流を空間的に進んだ位置に発生させれば，負荷に打ち勝って有効なトルクを発生して継続して運転することができる．

$t = 0$ において，$\theta = 0$ とすれば，空間的位相 θ と時間的位相 ωt が等しくなる．同図 (b) の電流波形を見ると，時間的位相 $\omega t = -\delta$ [rad] においては UU′ のコイルにおいて正の最大値の電流が流れるので，コイル面に右ねじの関係で垂直な向きに磁束の向きがつくられて，その方向に N 極と S 極が固定子に発生する．VV′ と WW′ のコイルは負の電流であるが，合成した磁束の向きは UU′ のつくる磁束と同じであることに注意する．なお，正の電流とは，図中に示したクロス・ドットの方向に電流が流れていることを意味する．

回転子がある角度だけ遅れて位置していると，回転子は固定子による磁界によって磁化して磁極を生じ，トルクが回転子に発生する．そのトルクが負荷トルクよりも同等以上の大きさであれば，回転子は加速することになる．負荷と同じ大きさであれば等速で回転をする．回転子の位置 θ が $-\delta, \theta_1, \theta_2$ と進んでいくとき，同図 (a) のように固定子と回転子に磁極分布がつくられて，持続的なトルクが発生することになる．

ここで導いたトルクの式 (1.38) は，トルク角で決まる一定値となっているので，トルク角が安定領域の $0 \leqq \delta < \pi/4$ に位置していると，両者のトルクがつり合う点に移動して振動もなく回転を続ける．これが，本例題の答えとなる．もし，発生トルクに時間的変動があれば，それに従う振動をもつことになる．この結果，有効なトルクが同図 (c) のように得られ，負荷の大きさ δ に対して同図 (d) のようにトルクの大きさは変化する．なお，負荷トルクの変動に対して回転を続ける能力は，トルクをトルク角で微分した $dT/d\delta$ の大きさで表現でき，トルク角 $\delta = 0$ の無負荷時が最大となり，$\delta = \pi/4$ で 0 となることは定性的にも合致している．

[補足]　静電アクチュエータにおける議論と同様に，起動に際して $\theta = \omega t$（ω：電源角周波数 [rad/s]）として $0 \leqq \delta < \pi/4$ のトルク角を確保して電源電圧は与えることになる．運転中に負荷の大きさが変化したとき，そのトルク角の範囲内であれば負荷とつり合うトルク角 δ に変化して運転を続けることができる．つまり，この範囲ではモータの発生するトルクと負荷トルクの平衡点は安定である．しかし，トルク角がこの範囲を超えると，不安定な平衡点をつくるので，モータは脱調，つまり失速することになる．

この節における物理的に重要な視点は，**磁気アクチュエータでは，電流あるいは磁束鎖交数の大きさが，直接的に発生力の瞬時値を決定する**ということである．

1.5 機器における温度上昇のダイナミクス

次に，機器の設計にとって重要な温度上昇のダイナミクスを導く．まず，系への熱のエネルギーの入出力と，内部エネルギーの関係を求め，温度上昇の定式化を行う．いま，機器内部の電気的損失が生じた結果として，系への熱エネルギー $d'W_{\mathrm{loss}}$ が与えられると，系の内部エネルギー U が上昇するが，機器の冷却により系から熱エネルギー $d'W_{\mathrm{cool}}$ が出ていくことになる．すなわち，微小時間 dt の間に起こる変化を次式で表すことができる（図 1.17 参照）．

$$dU = d'W_{\mathrm{loss}} - d'W_{\mathrm{cool}}$$

機器内部に発生する単位時間あたりの損失を $P\,[\mathrm{W}]$ とおけば，系に発生する熱エネルギー $d'W_{\mathrm{loss}}\,[\mathrm{J}]$ は次式で与えられる．

$$d'W_{\mathrm{loss}} = P\,dt \tag{1.39}$$

さて，図 1.18 に示すように，機器の温度を $\tau_{\mathrm{body}}\,[\mathrm{K}]$，周囲温度を $\tau_{\mathrm{amb}}\,[\mathrm{K}]$，そしてその差を $\tau = \tau_{\mathrm{body}} - \tau_{\mathrm{amb}}\,[\mathrm{K}]$ とおく．

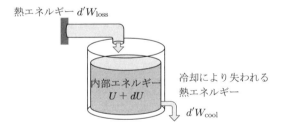

図 1.17 熱エネルギーの入出力と内部エネルギー

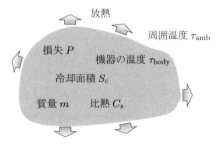

図 1.18 機器の温度上昇

　機器のもつ熱エネルギーの放出は，伝導，対流，および放射によるが，その放出される熱エネルギー $d'W_{\text{cool}}$ [J] は温度勾配あるいは温度差に依存する．熱伝導の係数，すなわち単位面積あたりの熱放散係数を λ [J/m^{2}sK]，機器の冷却表面積を S_c [m^2] とおくと，

$$d'W_{\text{cool}} = \lambda S_c \tau \, dt \tag{1.40}$$

と表すことができる．また，質量を m [kg]，比熱を C_s [J/kgK] とおけば，内部エネルギーの増加は

$$dU = mC_s \, d\tau \tag{1.41}$$

によって与えられる．一方，$d'W_{\text{loss}}$ と $d'W_{\text{cool}}$ の差が系の内部エネルギーとして蓄えられるので，次式が成立する．

$$mC_s \, d\tau = P \, dt - \lambda S_c \tau \, dt$$

すなわち，機器の温度変化の支配方程式として次式を得る．

$$mC_s \frac{d\tau}{dt} + \lambda S_c \tau = P \tag{1.42}$$

ここで，係数部分の mC_s は**熱容量** (heat capacity) とよばれる．熱のエネルギーを蓄える能力を表す熱容量は，電気回路素子における静電エネルギーを蓄えるコンデンサに双対性があることを考慮し，

$$C_{\text{th}} = mC_s \tag{1.43}$$

と書くことにする．また，λS_c は機器の**熱放散係数** (heat dissipation coefficient) とよばれる．これは電気回路素子のコンダクタンス，つまり電気抵抗の逆数に双対性があることから，

$$R_{\text{th}} = \frac{1}{\lambda S_c} \tag{1.44}$$

と書く．すると，支配方程式は

$$C_{\text{th}} \frac{d\tau}{dt} + \frac{1}{R_{\text{th}}} \tau = P$$

となって，両辺に $R_{\text{th}}/C_{\text{th}}$ を乗じると，温度上昇の支配方程式が最終的に次のように変形される．

$$R_{\text{th}} \frac{d\tau}{dt} + \frac{1}{C_{\text{th}}} \tau = V_{\text{th}} \tag{1.45}$$

ここに,

$$V_{\mathrm{th}} = \frac{R_{\mathrm{th}}}{C_{\mathrm{th}}} P \tag{1.46}$$

とおいた.

この微分方程式は, RC 直列回路における電荷量の方程式と同一の形になっている. すなわち, 温度上昇の支配方程式が図 1.19(a) に示す熱等価回路として表される. 一般に, $R_{\mathrm{th}}\,[\mathrm{sK/J}]$ は**熱抵抗** (thermal resistance) とよばれ, 加えて本書では $C_{\mathrm{th}}\,[\mathrm{J/K}]$ を**熱キャパシタンス** (thermal capacitance), $V_{\mathrm{th}}\,[\mathrm{K^2/J}]$ を**熱起電力** (thermal emf) とよぶことにする. 同図 (b) には, 損失が時間的に一定値をとる場合の温度上昇のグラフを示す. 熱等価回路の起電力は熱の発生源としての損失に相当する V_{th} で与えられ, 熱等価回路における電流 $d\tau/dt$ は温度の増加率を表し, そして熱等価回路の電荷量 τ は温度を表している.

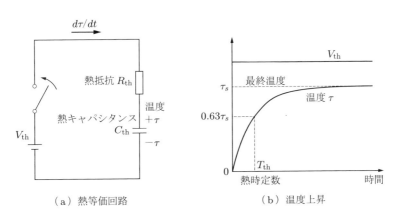

（a）熱等価回路 （b）温度上昇

図 1.19 機器の熱等価回路

ここで, $\tau(0) = 0$ の初期条件を与えて解を求めると次式が得られる.

$$\tau = \frac{1}{R_{\mathrm{th}}} \int_0^t e^{(\zeta-t)/C_{\mathrm{th}}R_{\mathrm{th}}} V_{\mathrm{th}}(\zeta)\, d\zeta \tag{1.47}$$

この式は, 損失, すなわち $V_{\mathrm{th}}(t)$ が時間的に変化する場合の解である. さらに, $V_{\mathrm{th}}(t)$ が一定値, すなわち損失 $P(t)$ が一定値であるとすれば,

$$\tau = \frac{V_{\mathrm{th}}}{R_{\mathrm{th}}} e^{-t/C_{\mathrm{th}}R_{\mathrm{th}}} \int_0^t e^{\zeta/C_{\mathrm{th}}R_{\mathrm{th}}}(\zeta)\, d\zeta = \tau_s \left(1 - e^{-t/T_{\mathrm{th}}}\right) \tag{1.48}$$

が得られる. ここに,

$$T_{\mathrm{th}} = C_{\mathrm{th}} R_{\mathrm{th}} = \frac{mC_s}{\lambda S_c} \tag{1.49}$$

であり，$T_{\mathrm{th}}\,[\mathrm{s}]$ を **熱時定数** (thermal time constant) とよぶ．温度上昇の定常値 $\tau_s\,[\mathrm{K}]$ は，

$$\tau_s = C_{\mathrm{th}}V_{\mathrm{th}} = \frac{P}{\lambda S_c} \tag{1.50}$$

により与えられ，式 (1.45) において $d\tau/dt = 0$ とおいて直接に得ることもできるが，発生する損失と放出される熱エネルギーのつり合う温度として求めることもできる．

例題 1.5 図 1.20 に示すモデルは，電磁石の励磁側部分を示している．

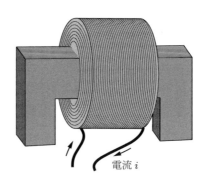

図 1.20 電磁石の温度上昇

ここで，コイルの断面における銅線の占積率が 0.660 であるとして，空気部分の断面積を考慮したコイル部分の等価な比熱を $C_s = 590\,\mathrm{J/kgK}$，コイルの質量を $m = 1.15\,\mathrm{kg}$ とする．コイル部分の冷却表面積は $S_c = 0.0185\,\mathrm{m}^2$，熱放散係数は，対流と放射の効果を考慮して $\lambda = 15.0\,\mathrm{J/m^2sK}$ とし，周囲温度が $\tau_{\mathrm{amb}} = 27.0\,^\circ\mathrm{C}$ のときのコイルの電気抵抗値を $R_{\mathrm{amb}} = 7.38\,\Omega$ とする．

励磁コイルにジュール損が発生すると温度が上昇する．以下の設問に従い，鉄心部分への熱伝導を無視して，コイル表面からの放熱のみを考慮して最終温度上昇値を求めよ．

(1) 熱時定数と，コイル電流が $i = 1.20\,\mathrm{A}$ のときのジュール損による最終温度上昇値 $\tau_s\,[\mathrm{C}^\circ]$ を求めよ．ただし，電気抵抗値の温度上昇による変動を無視せよ．

(2) 電気抵抗の温度上昇値が $\tau\,[\mathrm{K}]$ のときの値 $R_\tau\,[\Omega]$ が

$$R_\tau = R_{\mathrm{amb}}\frac{234.5 + \tau_{\mathrm{amb}} + \tau}{234.5 + \tau_{\mathrm{amb}}}$$

により与えられるとして，コイル電流が $i = 1.20\,\mathrm{A}$ のときのジュール損による

最終温度上昇値 $\tau_s\,[\mathrm{C}^\circ]$ を求めよ.

[**解**]　(1) 熱キャパシタンスと熱抵抗を求めると, $C_{\mathrm{th}} = mC_s = 1.15 \times 590 = 679\,\mathrm{J/K}$, $R_{\mathrm{th}} = 1/\lambda S_c = 1/(15 \times 0.0185) = 3.60\,\mathrm{sK/J}$. したがって, 熱時定数は

$$T_{\mathrm{th}} = C_{\mathrm{th}}R_{\mathrm{th}} = 679 \times 3.60 = 2445\,\mathrm{s} = 40.8\,\mathrm{min}$$

となる. また, コイルの電気抵抗の, 温度上昇を無視したときのジュール損は, $P = i^2 R_{\mathrm{amb}} = 1.2^2 \times 7.38 = 10.63\,\mathrm{W}$ となる.

熱起電力は,

$$V_{\mathrm{th}} = \frac{R_{\mathrm{th}}}{C_{\mathrm{th}}}P = \frac{3.60}{679} \times 10.63 = 0.0564\,\mathrm{K}^2/\mathrm{J}$$

なので, 温度上昇の定常値は

$$\tau_s = C_{\mathrm{th}}V_{\mathrm{th}} = 679 \times 0.0564 = 38.2\,\mathrm{K}$$

となる. この値と周囲温度を用いて, コイル部分の最終温度は $\tau_{\mathrm{amb}} + \tau_s = 27.0 + 38.2 = 65.2\,^\circ\mathrm{C}$ となる.

(2) 温度上昇の定常値 τ_s を未知数とし, その温度での電気抵抗を $R_{\tau s}$ とおけば, 以下の 2 式が成立する.

$$\tau_s = \frac{i^2 R_{\tau s}}{\lambda S_c} = 5.19 R_{\tau s}$$

$$R_{\tau s} = R_{\mathrm{amb}}\frac{234.5 + \tau_{\mathrm{amb}} + \tau}{234.5 + \tau_{\mathrm{amb}}} = 7.38 + \frac{\tau_s}{35.4}$$

第 2 式を第 1 式に代入すると,

$$\tau_s = 38.3 + 0.1466\tau_s$$

となる. したがって, $\tau_s = 44.9\,\mathrm{K}$ を得るので, 周囲温度をこれに加えて, コイル温度は 71.9 °C となる. このときのコイルの電気抵抗を求めると, $R_{\tau s} = 8.65\,\Omega$ を得る.

[**補足**]　図 1.21 には, 電気抵抗が温度に従って変化することを考慮した数値シミュレーションを行った結果を示している. ジュール損が発生すると温度 τ が上昇し, それ

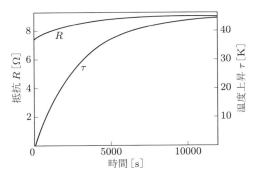

図 1.21　数値シミュレーション結果

は電気抵抗 R の増加を引き起こし，図のようにともに増加を続けていく．しかし，発熱と冷却がある温度でつり合い，温度は定常値となり，温度が一定値となれば，電気抵抗も一定値となっていく様子がわかる．電気抵抗の増加が及ぼす影響を無視することは，計算結果に誤差を生じることにつながるのである．

　この節で重要な点は，**機器の温度上昇のモデルは等価な RC 直列回路として表現でき，熱起電力，熱抵抗，そして熱キャパシタンスを求めることで，温度上昇のダイナミクスが表される**ということである．

▌参考文献

[1] H.H. ウッドソン・J.R. メルヒャー（大越・二宮訳）：電気力学 1，産業図書，1974
[2] 岡村総悟：電磁気学 I，岩波書店，1973
[3] 坂本哲三：電気機器の電気力学と制御　POD 版，森北出版，2018
[4] 宮入庄太：最新電気機器学，丸善，1974

第 2 章

電　源

　同期モータの速度制御を行うには，電圧と周波数が可変の交流電源が必要となる．そこで，実際に現場で与えられる電源を利用して，パワーエレクトロニクス技術を適用することにより，必要な可変電圧 VV・可変周波数 VF の電源を構成する必要がある．本章では，車両などでの用途を含めた同期モータ駆動用電源に関連した，パワーエレクトロニクスの基本事項について述べる．

　一般に，電源には，電池や発電機，あるいはインバータやコンバータなどの電子回路によるものなどがあり，歴史的には電池が電源のはじまりである．電気機器を駆動するにあたっては，多くの場合，商用電源をコンバータに通して直流電源をつくり，それをもとにインバータによって可変電圧・可変周波数の交流電源をつくる．商用電源を利用できない車両などの場合は，適切な電池をもとにして DC-DC コンバータによって主機用のより高い直流電圧，あるいは車内補機用のより低い直流電圧がつくられ，さらに主機としての駆動用交流モータのためにつくられた直流電源により，VVVF の交流電源を発生させるインバータが用いられる．このように，電気機器を駆動するにあたっては，与えられた環境に従ってさまざまな電源を適切に選択して利用する必要がある．

　図 2.1 におおまかな電源の種類を示す．本章では，発電機を除いた電源について，その概要を物理的に述べる．電池には，化学変化を利用した化学電池と，光や

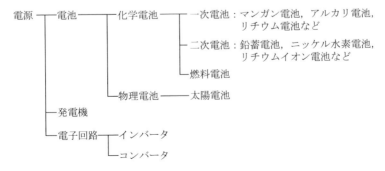

図 2.1　電源の種類

熱が電気的なエネルギーを生じさせる物理電池がある. 化学電池は, 正極と負極,
および電解液という, 化学電池の 3 要素とよばれるもので構成される. 図では燃料
電池を化学電池に分類しているが, これは化学反応を利用したものであるものの,
発電装置ともいえるものなので, 2.1 節では別の項目として最初に説明している.

2.1　電池

2.1.1　燃料電池

　水に電気エネルギーを与えると, いわゆる電気分解により水素と酸素が得られ
る. これとは逆に, 水素と酸素を反応させると, 電気エネルギーが得られる. この
性質を利用したのが**燃料電池** (fuel cell) である (図 2.2). 代表的な燃料電池は, 負
極側に水素, 正極側には酸素を供給して, これに水素イオンの通り道となる電解質
が組み合わされる. 負極では触媒を用いて水素が水素イオンと電子に分けられ, 電
気エネルギーの担い手である電子は負荷を通って正極に到達する.

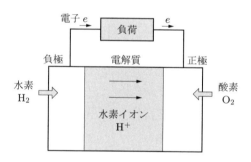

図 2.2　代表的な燃料電池

　正極側では, この電子と, 電解質を通って到達した水素イオン, そして正極に供
給された酸素という, 種類の異なる 3 つのものを化学反応させる. すなわち, 電子
の流れがもつ電気的エネルギーと, 化学反応によって発生する水が最終的につくり
出されるわけである. この場合, 化学エネルギーから電気エネルギーへの変換過程
において生じる損失は少なく, さらに充電の過程が不要であり, セルとよばれる電
池の構成単位を積層することで出力を増大できるという大きな特長も併せもつ.

　燃料電池の特徴をまとめると, **金属を通る電子, 電解質を通る水素イオン, およ
び気体としての酸素の 3 者を, 3 種類のまったく異なる空間を通して融合させると
いう技術を要する発電デバイスであり, 水しか排出しない**ということである.

2.1.2 化学電池

化学電池 (chemical cell) の典型的な構造を図 2.3 に示す．これはイオン化傾向の異なる 2 種の金属と，陽イオンと陰イオンを含む電解液の組み合わせによるものである．歴史的にはボルタの電池が知られ，乾電池も同様の原理で動作する．

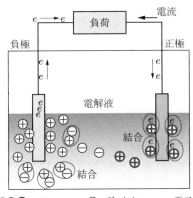

[⊕⊕：陽イオン ⊖：陰イオン e：電子]

図 2.3　化学電池の原理

　一般に，異なる 2 種の金属を接触させると，その距離が極めて小さいときに，電子が占有する最大エネルギーレベルとしてのフェルミ準位が互いに等しくなるように電子の移動が起こる．このとき，接触電位差とよばれる起電力が生じる．もし閉回路をつくってしまうと，両端における接触点の温度が等しい限り起電力は現れないが，電解液を通して閉回路をつくると，温度が等しくても起電力が得られる．

　金属を水に浸すと，その金属の種類によっては，金属を構成する最外殻軌道にある電子，すなわち価電子を捨てて，金属は水に溶け出そうとする性質を示す．このとき，負の電荷である電子を手放すことになるので，金属は陽イオンとなって水に析出することになる．陽イオンになろうとする性質の強さは一般にイオン化傾向とよばれ，これを化学では酸化反応ともいう．逆に，電子が捕らえられることは，還元反応とよばれる．

　2 種の金属のうち陽イオンになりやすいもの，すなわち電子を放出しやすいほうが電源の負極となる．負極の金属において，図 2.3 の中の電子 e を放出した残りの陽イオンは，電解液に溶けて溶液内の陰イオンと結合する．一方で，放出された電子が負荷を通して正極側の金属に奪われると，正極の金属表面においては，電子が電解液の中の陽イオンと結合して新たな物質が発生する．すなわち，電荷のキャリ

アとしての自由電子は負極で発生して正極で電解液の陽イオンと結合して消滅，続いて電解液の陰イオンは負極の陽イオンと結合する．キャリアはその種類が変わりながら一周していることがわかる．溶液の陽イオンは，正極での自由電子の蓄積を防いでいる．回路としてみた場合は，負荷の部分は自由電子がキャリアとして移動し，電解液の部分はイオンがキャリアとして移動している．

図 2.4 に簡素な化学電池の等価回路をあえて示す．その動作は以下のように特徴づけられる．

(1) 負極材料のイオン化が非保存場としての起電力をつくる．
(2) 自由電子にクーロン力がはたらいて正極へ駆動される．
(3) 正極の電解液との境界で電子と陽イオンが結合する．
(4) 負極から流れ出た陽イオンと電解液中の陰イオンが結合する．

自由電子の負極における局在化が起電力を表すのではなく，負極材料の原子における電子の放出・移動がつくる非保存的な電界が発生する現象が起電力を表している．その起電力が電子を供給して局在化することで，保存場としての電界が生じ，非保存場の起電力と保存場の電位差がつり合って平衡状態となっているのである．

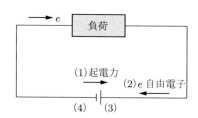

図 2.4 化学電池の起電力と電流

［化学電池の分類］

負極に用いる金属としては，イオン化傾向が高すぎるものは水と激しく反応するという問題がある．そして，当然のように電子を放出しやすく，すなわち酸化が強いために絶縁物が表面に生成されてしまう．このため，そのような問題の少ない亜鉛が乾電池も含めて多くの場合に用いられる．乾電池も，図 2.4 に示す同一の原理で動作し，電解液が正極あるいは負極の一部の材料に練りこまれて，見かけの上で「乾いた」電池になって形を変えているものである．

　充電のできない電池を一次電池，できるものを二次電池とよぶ．前者の場合は化学反応が可逆ではないという点が後者と異なり，その違いをつくっているのはもちろん材料の性質による．前者の例としては，マンガン電池，アルカリ電池，リチウム電池などがあり，後者の例としては，鉛蓄電池，ニッケル水素電池，リチウムイオン電池などがある．以上で述べたような化学電池は，すべて 2 種の金属と電解液の組み合わせをもつ．

　ここでの重要な点は，**イオン化傾向の異なる 2 種の金属だけで閉回路をつくっても起電力が現れないが，電解液を追加することで起電力を生じるようにしたものが化学電池である**ということである．

▌2.1.3　太陽電池

　光のエネルギーを用いて起電力を発生させるのが**太陽電池** (solar cell) である．熱のエネルギーを使って起電力を発生させる電池などもあり，それらを合わせて**物理電池** (physical cell) とよぶ．太陽電池には半導体材料を用いるが，その種類としてシリコン系，化合物系，およびペロブスカイト結晶などがある．ここでは，シリコン系半導体の構造を想定した太陽電池の原理を述べる．

［半導体］

　半導体は，その名の示すとおり絶縁体と導体の中間に位置するものであり，単一元素のシリコン Si やゲルマニウム Ge，そして化合物半導体のガリウムヒ素 GaAs やシリコンカーバイド SiC などがある．原子の最も外側の軌道の電子は，ほかの原子と結合する役目をもち，価電子とよばれる．GaAs は価電子が 3 個の Ga と価電子が 5 個の As からなり，SiC は価電子が 4 個同士の化合物である．これらのいずれも共有結合による物質である．話を簡単にするために，単一元素の Si を例にとって以後の説明を進めよう．

　Si には 4 個の価電子があり，互いの価電子を通して共有結合をつくる．図 2.5 に Si の構造を示す．同図 (a) のように正の電荷をもつ原子核の周りには負の電荷をもつ電子が軌道に分かれて配置され，K 殻に 2 個の電子，L 殻に 8 個の電子，そして M 殻には 4 個の電子がある．価電子とそれ以外を分けて表現を簡素化すれば，同図 (b) で表すことができて，隣同士の Si 原子が互いに電子を 1 個ずつ共有することにより，同図 (c) のように最外殻は 8 個の電子となって安定な配置を得ることになる．

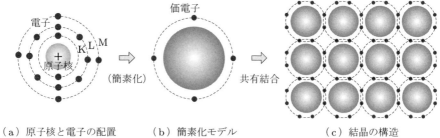

（a）原子核と電子の配置　　　（b）簡素化モデル　　　　　（c）結晶の構造

図 2.5　Si における共有結合

　原子内における電子のもつエネルギーのレベルは 3 つの領域に分かれる．保有するエネルギーが小さいために原子核に束縛されている価電子帯，電子の存在が許されない禁止帯，そしてエネルギーレベルが高いために原子核からの束縛を逃れて，自由に動くことのできる伝導帯がある．また，禁止帯のエネルギー幅をバンドギャップとよび，この大きさが価電子帯の電子と原子の間における結合の強さを表すことになる．

　半導体の禁止帯は比較的小さいことから，半導体材料内部の価電子は，数は少ないものの，常温においても共有結合を逃れて伝導帯に飛び出して自由電子となる．そこで，外部から電界が作用すると，電界の起こす力に従って電子が運動をすることになる．電荷を担うキャリアとして電流をつくるので，この電子のことを伝導電子ともいう．

　価電子が抜け出た部分には空席としての正孔が生じる（図 2.6 参照）．正孔は近傍の電子を容易に受け入れる性質をもつ．したがって，正孔も自由に動き回ることができるので，伝導電子とともに電流のキャリアとなる．すなわち，不純物を含まない半導体（＝真性半導体）は，電流のキャリアとして自由電子と正孔を必ず対として含む．導体は自由電子というキャリアを数多く含んでいるものであり，電界がかかると多くのキャリアが動くので大きな電流が流れる．一方，真性半導体では自由電子と正孔のキャリアは電流を流すという点では非常に少なく，すなわち小さな電流しか流れず，ゆえに導電率は非常に低い．

　真性半導体のままではキャリアが少ないので電圧を印加しても流れる電流は小さいが，適量の不純物を混ぜると新たにキャリアを大幅に増やすことができる．Si に原子価の 1 つだけ少ない 3 価の不純物として，たとえばホウ素 B を微量だけ混ぜて結晶化させると，図 2.7(a) のように Si の原子にかわって一部に B の原子が共有

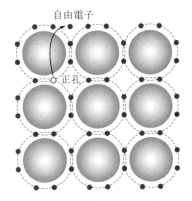

図 2.6 真性半導体において導電率を生じさせるキャリア

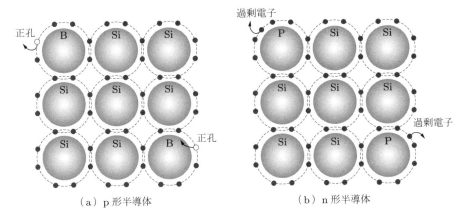

（a）p 形半導体 （b）n 形半導体

図 2.7 多数キャリアをもつ p 形と n 形の半導体

結合をつくる．しかし，B の結合手は電子が 1 個分だけ不足するので，正孔が生じることになる．すなわち，真性半導体のつくるキャリアは正孔と自由電子の対がすでに存在するが，微量の不純物の添加により，それよりもはるかに数の多いキャリアとして新たに正孔をつくり出すことができるのである．

　その結果，正孔はもちろん共有結合に入ることはできないので，原子核からの束縛を容易に外れてしまうことになる．もともと電荷の総量が 0 であった箇所から正孔が抜け出ることは，負の電荷をもつ電子を正孔のあった場所に捕獲することに等しい．したがって，等価的に正の電荷をもつ正孔の群と，結晶内部で移動ができずに空間に不規則に分布する，電子を新たに捕獲した負の空間電荷の群に分けられることになる．

真性半導体部分がつくるキャリアは数が少ないことから**少数キャリア** (minority carrier) とよばれ，不純物を与えたことで新たに生じたキャリアは数が多いことから**多数キャリア** (majority carrier) とよばれる．不純物を混ぜることで，多数キャリアとして正孔をもつ半導体を **p 形半導体** (p type semiconductor) とよぶ．

一方で，Si にそれよりも原子価が 1 だけ多い 5 価の不純物として，たとえばリン P を微量だけ混ぜて結晶化させると，図 2.7(b) のように Si の原子にかわって一部に P の原子が共有結合をつくる．しかし，P の結合手は電子が 1 個分だけ多く，余った 1 個の電子は共有結合に入ることはできず，原子から容易に離れて伝導帯に移ることになる．すなわち，真性半導体のつくるキャリアは正孔と自由電子の対がすでに存在するが，微量の不純物の添加により，それよりもはるかに数の多いキャリアとして新たな過剰電子をつくり出す．

その結果，原子核からの束縛を逃れた，自由に移動できる多数キャリアとしての過剰電子の群とともに，もともと電荷の総量が 0 であった箇所から電子が抜け出ることは正の電荷を帯びることを意味するので，結晶内部に固定された正の空間電荷の群が現れることになる．

このように，不純物を混ぜることで，多数キャリアとして過剰電子をもつ半導体を **n 形半導体** (n type semiconductor) とよぶ．

[pn 接合を用いた太陽電池]

半導体の pn 接合は，太陽電池だけでなく，整流用のダイオード，光検出用のフォトダイオード，イメージセンサにも使われる用途の広いものである．光は周波数が高いほど大きなエネルギーをもつが，太陽電池に用いられているシリコン系や化合物の半導体は，太陽光の含む広い周波数範囲を電子と正孔を発生させるエネルギーとして利用できるという特長をもつ．図 2.8 を用いて太陽電池の原理を説明しよう．

同図 (a) には p 形半導体と n 形半導体を距離をおいて設置している状態を示す．p 形半導体は等価的に正の電荷をもつ正孔と負の空間電荷で構成されることを示しており，n 形半導体は負の電荷をもつ過剰電子と正の空間電荷を有している様子を描いている．

同図 (b) のように pn 接合を行うと，接合部近傍では以下のようなことが起こる．p 側において多数キャリアとして存在する正孔は，その濃度が希薄な n 側に拡散し，n 側においては多数キャリアの過剰電子が p 側へ同様に拡散する．このため，

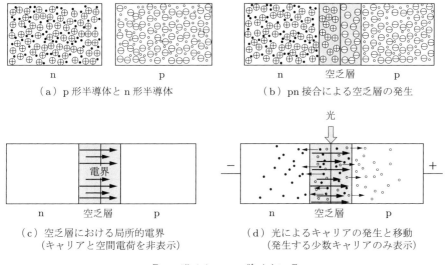

（a）p形半導体とn形半導体　　　　（b）pn接合による空乏層の発生

（c）空乏層における局所的電界　　　　（d）光によるキャリアの発生と移動
　　（キャリアと空間電荷を非表示）　　　　　（発生する少数キャリアのみ表示）

$$\begin{bmatrix} \oplus:陽イオン & \ominus:陰イオン \\ \bullet:自由電子 & \circ:正孔 \end{bmatrix}$$

図 2.8　太陽電池の原理

双方の領域において正負のキャリアは再結合して消滅し，キャリアの存在しない領域，いわゆる空乏層ができあがる．この空乏層では移動のできない空間電荷のみとなり，同図 (c) に示すように正負の空間電荷がつくる空乏層だけの局所的な電界が発生する．この結果，この電界がつくる電位差と多数キャリアの拡散する作用がつり合えば，平衡状態となる．

　ここで，空乏層に生じている電界は同図 (c) の矢印で示すように局所的なものであり，外部から電源は接続されていないので，多数キャリアの存在するp側とn側の領域には電界をつくらない．したがって，空乏層にだけ電界はあるものの，そこには電荷のキャリアがないので，この段階では電流は生じないことになる．

　そこで，空乏層に光を当てると，同図 (d) のように少数キャリアの電子・正孔の対が光が当たった部分に発生し，空乏層のみならず光の照射されたpとnの双方の領域にも発生する．空乏層に新たに発生した電子は空乏層の局所的な電界によりn側に駆動力を受けて運動し，正孔も同様に電界によって力を受けてp側に移動させられる．また，空乏層以外のp側とn側において生じる電子と正孔については，空乏層近くのキャリアについては拡散により空乏層へ到達することができる．

　すなわち，空乏層においてn側からp側に向かって発生した局所的な電界に加え

て，光の照射による少数キャリアの発生と移動により，起電力が生じるのである．
この現象を**光起電力効果** (photovoltaic effect) という．空乏層に生じる局所的な電
界が起電力の大きさを決めることから，その値は比較的に小さい．

　ここでの重要な点は，**pn 接合の空乏層には空間電荷による局所的な電界が現れ，
そこに光を照射すると，少数キャリアが発生してキャリアが動き，起電力がつくら
れる**ということである．

2.2　パワーエレクトロニクス

　電子回路によって，交流 AC から直流 DC への変換，AC から指定の電圧と周
波数をもつ AC への変換，そして DC から電圧の異なる DC への変換を行う装置
を構成することができる．ここでは，回路のスイッチングを行うパワーデバイス，
DC 電源をもとに AC 電源を発生させるインバータ，および DC 電源から電圧の異
なる DC 電源を発生させる DC-DC コンバータについて述べる．

2.2.1　パワーデバイス

　パワーデバイスは半導体材料と構造の 2 つの要素によって特性が決まる．使用
される材料には，すでに述べたように Si, SiC あるいは GaN などがある．高温動
作性能と絶縁破壊強度を決めるバンドギャップ，導通時の抵抗値，スイッチング
周波数を決める飽和ドリフト速度，そして熱伝導率が，材料によって変わる．SiC
や GaN は，Si に比べて 3 倍程度のバンドギャップをもつことから**ワイドバンド
ギャップ半導体** (wide bandgap semiconductor) とよばれ，さらに SiC は良好な
熱伝導率をもっている．構造としては，バイポーラトランジスタ，サイリスタ，
GTO，MOSFET，IGBT などがある．図 2.9 は Si を仮定した各種のパワーデバ
イスを，スイッチング周波数と出力容量による活用領域で概観したものである．

　サイリスタにおいては，バイポーラトランジスタのベースに該当する端子はゲー
トという端子になるが，これらのパワーデバイスの中でただひとつ自己ターンオフ
機能をもたず，ゲート電流によってターンオフさせることはできない．また，ス
イッチング速度が遅いものの，大容量の電流制御ができる特長をもつ．GTO は，
サイリスタの欠点を埋めるような特性をもっている．バイポーラトランジスタは
中小容量に位置する．MOSFET は小容量に位置するが，スイッチング周波数は高
い．IGBT も比較的にスイッチング周波数が高く，さらに容量は比較的に大きいと

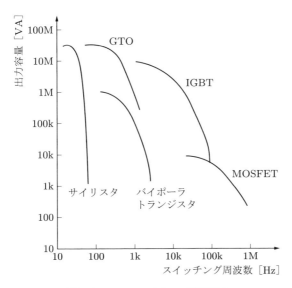

図 2.9 パワーデバイスの活用領域

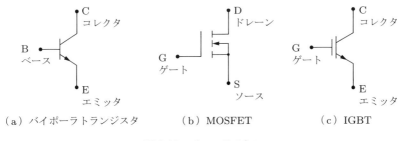

（a）バイポーラトランジスタ　　　（b）MOSFET　　　（c）IGBT

図 2.10 パワーデバイス

いう特長をもっている.

　図 2.10 は，バイポーラトランジスタ，MOSFET および IGBT の 3 つの図記号を示しており，簡単にこれらの動作説明を行っていく.

[バイポーラトランジスタ]

　図 2.10(a) に示すバイポーラトランジスタは npn 形であり，いま CE 間に電圧をかけて C が E に対して電位の高い状態を考える. BE 間に順バイアスとなるように電圧を印加すると，この場合，エミッタの多数キャリアである過剰電子がベースに達する. ベースは極めて薄く不純物濃度も低くつくられているため正孔の数が少ないので，結合によって失われる過剰電子は極めて少ない. すると，拡散によりコ

レクタ側の境界近傍に達した過剰電子は，コレクタの電圧がつくる電界により力を受けて動き，すなわちコレクタに電流が流れることになる．ベースに流れる小さな電流によって，大きなコレクタ電流が制御でき，多数キャリアとしての正孔と過剰電子の 2 つの種類のキャリアを利用することから，バイポーラ（2 極性）トランジスタとよばれる．

[**MOSFET**]

　図 2.10(b) の MOSFET は，n チャンネル形 (nMOS) と p チャンネル形 (pMOS) の 2 タイプがある．前者の場合を取り上げると，p 形基板上に絶縁膜を置いてゲート信号電圧を印加すると，膜の抵抗値が顕著に高いため薄い膜の部分に集中的に電圧が分配され，その結果として強い電界が生じる．すると，その境界における電界の強さの不連続性によって，少数キャリアとしての電子が P 形基板に誘導される．

　負の電荷をもつ電子が誘導されている状態で，n 形半導体を p 形基板上に配置したドレーン D とソース S の端子について，DS 間に電圧を印加することによりドレーン電流が流れる．すなわち，n チャンネル形は電子が電荷のキャリアとなって，ゲート信号電圧によってドレーン電流が制御される．MOSFET のキャリアは，n チャンネル形においては電子だけ，そして p チャンネル形においては正孔だけが担うので，ユニポーラ（1 極性）トランジスタと分類される．

　したがって，電圧駆動で動作する MOSFET は，電流駆動のバイポーラトランジスタと違って大きな駆動用のパワーを必要とせず，さらに高速のスイッチングが可能となる特長をもつ．欠点としては，高耐圧化した素子においては順方向の電気抵抗が大きく，すなわち導通時の損失が大きくなることである．

[**IGBT**]

　図 2.10(c) の IGBT の構造は，バイポーラトランジスタのベース電流を MOS-FET のドレーン電流が受けもつ形の，2 種類の素子を合成したものである．したがって，MOSFET と同じように絶縁膜を用いたゲートによって，低パワーの電圧駆動を可能とする．さらに，高耐圧化を行ったバイポーラトランジスタにも見られるような，構造的に正孔と過剰電子の両方のキャリアを用いることによる効果として，高耐圧化をするためにつくられる過剰電子の濃度が低い n 形のドリフト層に対して，導通時に隣接する p 形の層から送り込まれる正孔によってキャリアの濃度が高められて，導通状態の導電率が上げられる．これは，**伝導度変調** (conductivity modulation) とよばれ，順方向の電圧降下が低下して低損失の特長が得られる.

▌2.2.2 インバータ

　インバータは DC 電源を入力として AC 電源をつくり出すものである（図 2.11）.
出力は，インバータの種類によって単相や三相など相数が異なる.また，指定の大
きさの電圧を出力する**電圧形インバータ** (voltate-source inverter) と，指定の大き
さの電流を出力する**電流形インバータ** (current-source inverter) に分類することも
できる.前者は DC リンクとよばれる DC 電源の出力部分にコンデンサを置くこ
とで電圧の時間的変化を抑え，後者は DC リンクにリアクトルを接続して電流の時
間的変化を抑える.

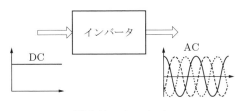

図 2.11　インバータ

[電圧形インバータの原理]

　図 2.12 は電圧形インバータの原理を示している.2 つの直流電源 $E_d/2\,[\mathrm{V}]$ が間
にアースを置いて直列に接続され，4 個のスイッチの部分はパワーデバイスのい
ずれでもよいが，とりあえず IGBT が使用されているとしよう.同図 (a) に示す
パワーデバイスの IGBT には，逆並列にダイオードが示されている.もしもダイ
オードがないと，負荷がインダクタンス成分を含んでいる場合に IGBT をターン
オフさせると，電流の減少速度に比例した大きさの過大な起電力がインダクタンス
に発生する.すると，それまでのインダクタに流れる方向の電流を維持しようとす
るかのような自己誘導現象が現れる.この瞬間的に生じる過大な自己誘導起電力は
パワーデバイスに問題を引き起こすので，それを防ぐためにダイオードを通して電
流を環流させる.これを**環流ダイオード** (freewheeling diode) という.

　同図 (b) には，パワーデバイスのペアをつくってスイッチングを行ったときに，
負荷抵抗 R に現れる電圧を描いている.最初の区間では，スイッチング素子 S_1 と
S_4 だけをオンにすることにより，負荷の上部が電位 $E_d/2\,[\mathrm{V}]$，下部は $-E_d/2\,[\mathrm{V}]$

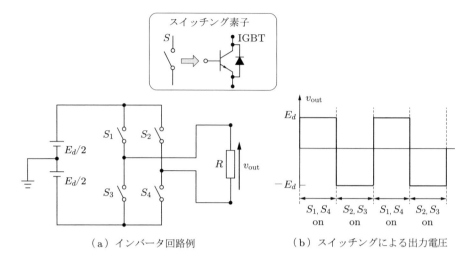

図 2.12 電圧形インバータの原理

となって，出力電圧は E_d [V] になる．次の区間では，S_2 と S_3 をオンにすることにより，負荷の上部が電位 $-E_d/2$ [V]，下部が $E_d/2$ [V] となることで，出力電圧は $-E_d$ [V] となる．以後，これを繰り返すと正と負の電圧が交互に負荷へ与えられ，波形は正弦波ではないものの交流電圧を得ることができる．単相の電源で，かつ出力波形が方形波であるので，これは単相方形波インバータといえる．

　方形波の交流電圧は多くの高調波成分をもっており，機器を動作させるには基本波成分の大きさはそのままに，なるべく高調波成分を小さくすることが望まれる．そこで，たとえば図 2.13 のように，出力電圧波形の中央部分の幅が広く，外側にいくに従って幅が狭くなるようなスイッチングを行ったとすれば，高調波成分は小さくできる．幅を制御してスイッチングをすることから，このようなスイッチングは **PWM 制御** (pulse width modulation) とよばれる．

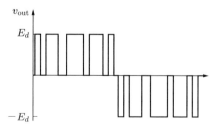

図 2.13 PWM による出力

PWM のためのスイッチングのパルスを発生させる方法には，三角波比較方式 (sinusoidal PWM; SPWM) や空間ベクトル変調 (space vector PWM; SVPWM) などの手法がある．

[三相電圧インバータ]

三相電圧形インバータを図 2.14 に示す．前述の単相インバータと同様に方形波出力の場合を示し，パワーデバイスをスイッチの記号で表している．6 個のパワーデバイスを切り替えるが，最も基本的な注意点として，電源短絡を起こさないように，同じレグの上下のデバイスを同時に ON にしてはいけないということがある．

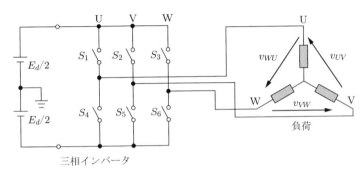

図 2.14　三相電圧形インバータ

図 2.15 には，UVW の各レグのデバイスを切り替え，相電圧と線間電圧の波形が得られる様子を示している．図の最初の区間では，レグ U は S_1 を ON にして S_4 を OFF，レグ V は S_5 を ON にして S_2 を OFF，レグ W は S_3 を ON にして S_6 を OFF にしているので，負荷側の端子 U の電位は $E_d/2\,[\mathrm{V}]$，端子 V の電位は $-E_d/2\,[\mathrm{V}]$，端子 W の電位は $E_d/2\,[\mathrm{V}]$ となる．したがって，図に示すように負荷の相電圧が $v_U = E_d/2, v_V = -E_d/2, v_W = E_d/2$ のように得られる．負荷の線間電圧は，$v_{UV} = v_U - v_V = E_d, v_{VW} = v_V - v_W = -E_d, v_{WU} = v_W - v_U = 0$ と与えられるので，図に示すとおりとなる．次の時間区間では，レグ U とレグ V はそのままで，レグ W は S_6 を ON にして S_3 を OFF にしている．このようにオンデバイスのスイッチングを変えていくと，最終的に図に示すような負荷の相電圧と線間電圧の波形をもつ出力電圧を得ることができる．

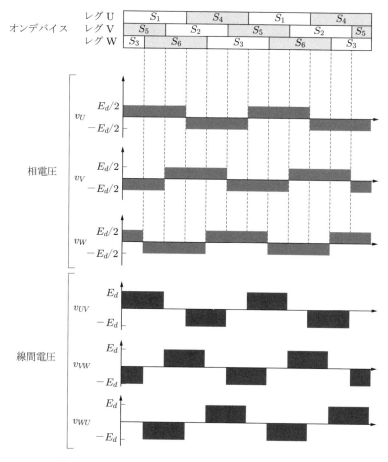

図 2.15　三相電圧形インバータのスイッチングと出力電圧

▌2.2.3　DC-DC コンバータ

　与えられた DC 電源の電圧の大きさが機器を動作させるのには適合していない場合，降圧か昇圧を行う DC-DC コンバータが必要となる.

[降圧チョッパ]

　図 2.16 の回路に示すのは**降圧チョッパ** (step-down converter, buck converter) であり，DC 電源電圧 E_s，パワーデバイス S，環流ダイオード D，電流平滑用のリアクトル L，電圧平滑用のコンデンサ C から構成される．これは，負荷 R に電源電圧 E_s よりも小さい DC 電圧 v_o が供給される回路である.

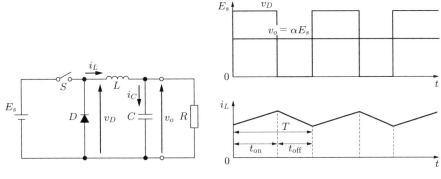

図 2.16　降圧チョッパ

　パワーデバイス S を ON にしている区間を $t_\mathrm{on}\,[\mathrm{s}]$, OFF にしている区間を $t_\mathrm{off}\,[\mathrm{s}]$, 周期を $T\,[\mathrm{s}]$, そして環流ダイオード両端の出力電圧 v_D の平均値を $V_D\,[\mathrm{V}]$ とおく. t_on の区間では, ダイオードは電源から逆方向バイアスがかかるので OFF となる. このため, ダイオードの部分は回路が切断されたと同じ状態になり, L には電流の変化率に応じた起電力 $-L\,di_L/dt < 0$ が発生して, 出力電圧は $v_o = E_s - L\,di_L/dt$ となる. また, この区間では L には磁気エネルギーが蓄えられるとともに, C にも電荷が蓄積されて静電エネルギーが蓄えられる.

　t_off の区間になると DC 電源は切断され, i_L が減少し始める. すると, それまでの電流の方向と同じ向きに発生する正の値の起電力 $-L\,di_L/dt > 0$ はダイオードを通して閉回路をつくることができ, 電流を流すことで蓄えられた磁気エネルギーが放出され, 出力電圧は $v_o = -L\,di_L/dt$ となる.

　パワーデバイスのスイッチングにより, ダイオード端子部分の電圧 v_D は図 2.16 の右図のように不連続に変化する. その平均電圧 V_D は次式で求められる.

$$V_D = \frac{t_\mathrm{on}}{T} E_s = \alpha E_s \tag{2.1}$$

ここに, $\alpha = t_\mathrm{on}/T$ を**デューティファクタ** (duty factor) とよぶ. $-L\,di_L/dt$ の定常状態の平均値は 0 であるから, 出力電圧の平均値を V_o とおけば, それは V_D に等しく,

$$V_o = \alpha E_s \tag{2.2}$$

となる. すなわち, デューティファクタを変えることによって出力電圧 v_o を可変にできることになる.

　ここで, t_on と t_off の区間で出力電圧 v_o が等しくなっていることが降圧チョッパ

の期待される性能であるが，そのようになることを数式で簡単に確かめてみよう．t_{on} と t_{off} の区間での電流変化の絶対値は定常状態で等しいので，t_{on} の区間での変化を $+\Delta i_L\,[\mathrm{A}]$ と書けば，t_{off} の区間では $-\Delta i_L\,[\mathrm{A}]$ となる．また，リアクトルに生じる起電力を $E_L\,[\mathrm{V}]$ とおけば，$t_{\mathrm{on}} = \alpha T$ と表せることから，t_{on} の区間で αE_s の電圧が出力されているとした場合，次式が成り立つ．

$$v_o = E_s + E_L = E_s - L\frac{\Delta i_L}{\alpha T} = \alpha E_s \tag{2.3}$$

この式を変形して

$$L\frac{\Delta i_L}{T} = \alpha(1-\alpha)E_s$$

を得るが，これを t_{off} の区間の関係式に代入すると，

$$v_o = E_L = -L\frac{\Delta i_L}{(1-\alpha)T} = \alpha E_s \tag{2.4}$$

を得ることができ，両区間において同一の出力電圧 αE_s が得られることがわかる．

　なお，平滑用リアクトルは鉄心にコイルを巻くことでつくられるが，電流の平滑を行うために過度に巻数の大きなリアクトルを選定すれば，重量だけでなく，コイルの電気抵抗が増大するので，ジュール損の増加を招くことで電源の効率を劣化させることになる．したがって，より小さな電気抵抗をもつリアクトルにするためには，スイッチング周波数を増加させることも必要となる．

[降圧チョッパの数値シミュレーション]

　回路のパラメータに以下の数値を与えてシミュレーションした結果を示す．

（数値例）　$E_s = 200\,\mathrm{V}$，　$L = 30\,\mathrm{mH}$，　$C = 5\,\mu\mathrm{F}$，　$R = 100\,\Omega$，
　　　　　　$\alpha = 0.5$，　スイッチング周波数 $f = 10\,\mathrm{kHz}$

　図 2.17 にシミュレーション結果を示す．スイッチング周波数が $10\,\mathrm{kHz}$ なので，スイッチング周期 T は $0.1\,\mathrm{ms}$ である．起動直後の時間においては，出力電圧 v_o は $0\,\mathrm{V}$ から立上った後，2 次のダイナミクスにより約 $5\,\mathrm{ms}$ 後，出力は電源電圧の $1/2$ の $100\,\mathrm{V}$ に落ち着いている．これは，デューティファクタが $\alpha = 0.5$ としていることによる．負荷抵抗は $R = 100\,\Omega$ としているので負荷に流れる電流の定常値は $1\,\mathrm{A}$ であるが，コンデンサに流れる定常状態における電流の平均値は $0\,\mathrm{A}$ なので，リアクトルを流れる電流 i_L の定常状態における平均値は負荷の平均電流値に等しくなることがわかる．すなわち，i_L の脈動成分はコンデンサに流れる電流 i_C に等

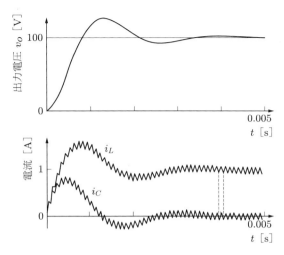

図 2.17 降圧チョッパのシミュレーション

しくなっており，同図の破線で示すように，2 つの波形の変化のタイミングが合っていることがわかる.

　出力電圧は，

$$v_o = v_D - L\frac{di_L}{dt}$$

と表せる. i_L が脈動しながら変化するので，v_D が方形波の形であるものの，それによる電流の時間変化を埋めるかのように $-L\,di_L/dt$ が発生する. これに加えて，コンデンサがスイッチングによる電圧変動が起こる短い時間における電圧源として作用し，コンデンサの電流 $i_C = C\,dv_o/dt$ が生じる結果，出力電圧 v_o は同図のように滑らかな時間変化をしながら定常値に落ち着くことがわかる.

　コンデンサは電圧の脈動を抑える重要な機能をもっているが，それについて述べておこう. 定常状態では，出力電圧の大きさに相当する多くの電荷を C が蓄えている. たとえば，印加電圧が減少すると，コンデンサがもつ電圧により電流が負荷とリアクトル側に供給される. スイッチングによって電圧が変動する時間はわずかな時間であるが，その間にコンデンサから供給されたり奪われる電荷量は，その短い時間に負荷の電流を乗じた量でしかなく，したがって，適切なコンデンサの容量を選んでいる限り，コンデンサの電圧の変化量はわずかなものになる.

　すなわち，定常状態で印加電圧の増加・減少が生じていると，コンデンサの蓄積電荷がその変動分を補うことで，出力電圧は平滑化される. したがって，負荷の電圧と電流は最終的にほぼ一定値となるが，コンデンサから補われる電流 i_C の波形

が i_L に現れる.この様子が,図 2.17 に示されるコンデンサの電流 i_C とリアクトル電流 i_L の脈動分である.

シミュレーション結果のデータをもとに,簡単な計算により現象をさらに考察してみる.パワーデバイス S が ON になっている区間においてはダイオード端子間出力電圧は $E_s = 200\,\mathrm{V}$ に等しく,S が OFF の区間ではダイオード端子間出力電圧は 0 となり,出力電圧はこのダイオード端子間電圧に $-L\,di_L/dt$ が加わったものである.

そこで,定常状態における電流は,S の ON 区間では,$\alpha = 0.5$ であることから $0.5T$ の区間の $5 \times 10^{-5}\,\mathrm{s}$ で,出力側の平滑用コンデンサからの電流が負荷 R だけでなくリアクトル L のほうにも流れる.その効果により,シミュレーション結果によれば,i_L の変動分は緩和されて約 $0.899\,\mathrm{A}$ から $1.068\,\mathrm{A}$ に増える.平滑用コンデンサがあることではじめてこの電流変化が得られていることが,シミュレーションでも確認することができる.次の半分の区間 $t_{\mathrm{off}} = 0.5T$ では,同様に平滑用コンデンサからの電流の効果があるうえで,i_L の変動分は緩和されて約 $1.068\,\mathrm{A}$ から $0.899\,\mathrm{A}$ に減少するのこぎり波状の変化を示す.

すると,$-L\,di_L/dt$ は S の ON 区間で $-101.4\,\mathrm{V}$ となる一方で,S の OFF 区間では $101.4\,\mathrm{V}$ となる.その結果,S の ON 区間における出力は $v_o = 200 - 101.4 = 98.6\,\mathrm{V}$ となり,S の OFF 区間においては $v_o = 101.4\,\mathrm{V}$ となる.すなわち,L の起電力が DC 電源電圧のスイッチング結果に加わって,ほぼ $100\,\mathrm{V}$ 一定の出力電圧が得られることがわかる.以上のように,平滑用リアクトルと平滑用コンデンサによって,出力電圧の脈動は小さく抑えられる.

さらに,図 2.17 には示していないが,シミュレーションにより以下のことが判明する.

すなわち,リアクトルのインダクタンス L を大きくすると,出力電圧 v_o,および電流 i_L と i_C の応答は遅くなり,電流の脈動の振幅は小さくなってくる.逆に,L を小さくすると,電圧 v_o のオーバシュートは大きくなって,脈動の振幅が見えてくる傾向が見られる.電流は全体的な応答に顕著な変化は見えないが,脈動の振幅が大きくなる.

また,コンデンサの容量 C を大きくすると,3 者の応答は遅くなって定常値に達する時間が長くなり,i_L と i_C の脈動の振幅は小さくなる.C を小さくすると,v_o, i_L および i_C の応答は非振動的になり,定常値に落ち着く時間が短くなり,電流の脈動の振幅に顕著な変化は目立たないが,出力電圧に脈動が目立ってくる傾向

が認められる.

なお,R が変わったときの,L および C の変更については,

$$L \propto \frac{1}{C} \propto R$$

とすることで,同様の応答を得ることができる.

[昇圧チョッパ]

図 2.18 に示すのは,入力側の電圧 E_s よりも大きな出力の電圧が得られる**昇圧チョッパ** (step-up converter, boost converter) である.パワーデバイス S が ON になる t_{on} の区間では電源と負荷側は切り離され,L と S を閉回路として電流が流れて i_L は増加しながら L には磁気エネルギーが蓄積される.負荷側では,それ以前にコンデンサに蓄えられた静電エネルギーにより,C が負荷 R の電源となって電流を供給するが,このときの C の電圧は定常状態では所望の出力電圧の値になっている.S が OFF になる t_{off} の区間になると,i_L は多少の減少をしながらも流れが継続され,L に蓄積された磁気エネルギーは放出されることになる.E_s と L がつくる合成起電力は $E_s - L\,di_L/dt$ と表せて,これもやはり定常状態では所望の出力電圧であり,$-L\,di_L/dt > 0$ によって E_s より大きな値を達成する.

さて,出力電圧の式を導いてみよう.リアクトルに流れる電流を i_L とし,その時間平均値を I_L とおけば,パワーデバイス S が ON の t_{on} においてリアクトル L に蓄えられる磁気エネルギー $W_{L,\mathrm{store}}$ [J] は,印加される電圧 E_s と電流 I_L の積に時間を乗じて次式で表される.

$$W_{L,\mathrm{store}} = E_s I_L t_{\mathrm{on}} \tag{2.5}$$

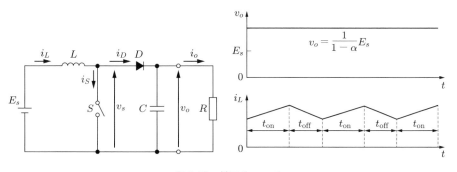

図 2.18 昇圧チョッパ

一方，パワーデバイス S が OFF の t_{off} の区間において，ダイオード D は順方向バイアスのために ON となって，リアクトルの右端の電位と出力側の上端は同電位になる（ダイオードの順方向の電圧降下は無視する）．出力電圧 v_o の時間平均値を V_o とおけば，リアクトルに印加される電圧は $V_o - E_s$ であるから，リアクトルから負荷側に放出される磁気エネルギー $W_{L,\mathrm{release}}$ [J] は，

$$W_{L,\mathrm{release}} = (V_o - E_s)I_L t_{\mathrm{off}} \tag{2.6}$$

となる．定常状態においてはこの両者のエネルギーは等しく，そして I_L も定常値として両者の区間で等しくなるので，$W_{L,\mathrm{store}} = W_{L,\mathrm{release}}$ とおけば，

$$E_s I_L t_{\mathrm{on}} = (V_o - E_s)I_L t_{\mathrm{off}}$$

となる．したがって，平均出力電圧 V_o は次式で与えられる．

$$V_o = \frac{t_{\mathrm{on}} + t_{\mathrm{off}}}{t_{\mathrm{off}}} E_s = \frac{T}{t_{\mathrm{off}}} E_s = \frac{1}{1 - \alpha} E_s \tag{2.7}$$

すなわち，出力電圧は入力電圧よりも大きく，デューティファクタの式 $1/(1-\alpha)$ によってその倍率が表される．

［昇圧チョッパの数値シミュレーション］

回路のパラメータに以下の数値を与えてシミュレーションした結果を示す．

（数値例）　$E_s = 200\,\mathrm{V}$，　$L = 10\,\mathrm{mH}$，　$C = 5\,\mathrm{\mu F}$，　$R = 100\,\Omega$，
　　　　　　$\alpha = 0.5$，　スイッチング周波数 $f = 50\,\mathrm{kHz}$

図 2.19 にシミュレーション結果を示す．デューティファクタは $\alpha = 0.5$ としているので，入力電圧の 2 倍の大きさの出力電圧 400 V が得られることになる．シミュレーション結果を見ると，出力電圧は比較的に小さなオーバシュートをもつ 2 次系の応答を示し，小さな脈動をもちながらも，約 3 ms で確かに 400 V の定常値に達している様子がわかる．負荷抵抗は $R = 100\,\Omega$ としているので，負荷に流れる定常電流は 4 A となる．

リアクトルの電流 i_L は，起動直後にオーバシュートをもち，最大値は約 10 A である．また，定常値は約 8 A となっており，負荷抵抗に流れる電流の 2 倍が流れていることになる．これは，入力側のパワーと出力側のパワーは損失を無視すれば同じであることから，電圧に 2 倍の違いがあることによることがわかる．

出力電圧が 400 V になることを，シミュレーション結果のデータをもとに計算

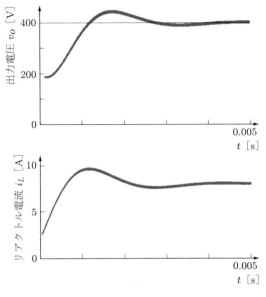

図 2.19 昇圧チョッパのシミュレーション

することで確認して，さらに考察してみる．シミュレーション結果によれば，S が OFF の区間では，負荷抵抗に電流が流れるだけでなく，コンデンサ C に約 660 A の電流が瞬間的に流れ込み，スイッチング時間に比べればはるかに短い微小時間であるが，負荷抵抗と同じ電圧に相当する電荷 $Q = Cv_o$ が蓄積される．このときの定常状態における電流 i_L は，スイッチング周期の半分の区間の $t_{\text{off}} = 0.01\,\text{ms}$ で 8.14 A から 7.94 A に減少するので，$-L\,di_L/dt = -0.01 \times (7.94 - 8.14)/10^{-5} = 200\,\text{V}$ となって，合計として $E_s - L\,di_L/dt = 400\,\text{V}$ の電圧が出力される．

　一方，S が ON の区間では，すでに述べたように，L には電流が増えつつ磁気エネルギーが蓄積されるが，その増加する電流 $\Delta i_L\,[\text{A}]$ は $E_s = L\Delta i_L/\Delta t$ の式によって求められ，$\Delta i_L = E_s\Delta t/L = 200 \times 10^{-5}/0.01 = 0.2\,\text{A}$ となる．この電流は，シミュレーション結果の $8.14 - 7.94 = 0.2\,\text{A}$ に等しいことが確認できる．

　また，以上の電流値が得られて所望の電圧が出力されていることは，L だけでなくコンデンサの存在も重要な役割を担っている結果であることを忘れてはならない．L に磁気エネルギーが蓄積されている間コンデンサに静電エネルギーが蓄積されるわけであるが，過渡状態で充放電を繰り返しながら，定常状態では出力電圧 400 V に相当する電荷が蓄えられることになる．

S が ON の区間では，コンデンサから負荷電流を流す必要があるが，400 V まで充電されたコンデンサの蓄積電荷量は $Q = Cv_o = 5 \times 10^{-6} \times 400 = 0.002$ C であり，これによって負荷電流 4 A を供給し続ける．電流を供給する $t_{on} = 0.01$ ms の間で低下するコンデンサの電圧は $\Delta v_o = I\Delta t/C = 4 \times 10^{-5}/5 \times 10^{-6} = 8$ V となって，これはシミュレーション結果の 8.1 V と値がほぼ一致し，400 V が 392 V に下がるに過ぎないことがわかる．

なお，図に示していないが，シミュレーションにより以下のことが判明する．

リアクトルのインダクタンス L を大きくすると，出力電圧 v_o とリアクトルの電流 i_L の応答は遅くなってくるが，これはちょうど標準 2 次系の固有周波数が小さくなったときの挙動を示す．両者の波形の脈動には顕著な変化は見られない．

逆に，インダクタンス L を小さくすると，出力電圧 v_o とリアクトルの電流 i_L の応答はより振動的となって，それらのオーバシュートも大きくなる傾向が現れ，標準 2 次系の減衰係数が小さくなるときの挙動を示す．さらに，リアクトル電流 i_L の脈動の振幅だけが大きくなる．

コンデンサの容量 C を大きくすると，出力電圧 v_o とリアクトルの電流 i_L の応答は遅くなって，両者のオーバシュートが大きくなり，ちょうど標準 2 次系の固有周波数と減衰係数がともに小さくなるような挙動を示す．しかし，両者の脈動はともに小さくなる．

C を逆に小さくした場合は，全体的な応答は非振動的となって定常値に落ち着き，ちょうど標準 2 次系の固有周波数と減衰係数がともに大きくなるような挙動を示す．しかし，リアクトル電流 i_L の脈動の振幅はあまり変化しないものの，出力電圧 v_o の脈動に顕著な増大が現れてくる．

また，降圧チョッパと同様に，負荷抵抗 R が変化した場合には，

$$L \propto \frac{1}{C} \propto R$$

とすることで同様の応答を得ることができる．

▌参考文献

[1] 箕浦秀樹：進化する電池の仕組み，ソフトバンククリエイティブ, 2006
[2] 宇田新太郎：半導体エレクトロニクス，丸善, 1970
[3] 三谷健次：電磁気学，共立出版, 1973
[4] 平紗多賀男：パワーエレクトロニクス，共立出版, 1992

同期モータの種類と動作原理

第 1 章の議論で，磁界を用いた電磁力機器は，磁束鎖交数か電流のみが直接に電磁力の大きさを決めることがわかった．交流モータの場合は，回転子の磁極の位置を特定したうえで状態のダイナミクスを考慮して電圧を与え，固定子の磁束鎖交数か電流の大きさを変える．これにより，トルクの瞬時値を制御できることになる．交流モータを回転子の情報がない状態で電圧を与えても，トルクの瞬時値を制御することはできない．一方，直流モータの場合は，その性質上，界磁のつくる磁極の位置と電機子電流の向きが空間的につねに保たれているので，電機子電流を変えることはトルクの瞬時値を制御することにつながる．それが直流モータの唯一の長所だといえるであろう．

本章では，第 1 章の同期リラクタンスモータに続いて，同じ同期モータに分類される SPM モータと IPM モータについて述べ，本章を以後の章におけるトルク制御への議論の基礎に位置づける．

例題 1.4 に取り上げた磁気アクチュエータモデルは，一般に同期リラクタンスモータとよばれる．電機子の電流分布，したがって磁界分布が回転するとともに，回転子がそれに同期した速度で回転する．同期モータにおいては，回転磁界をつくるコイルを含む側を電機子とよぶ．同期リラクタンスモータにおける回転子の磁化した状態は，固定子の電機子コイル電流によってつくられるものであった．したがって，マシンサイズのわりには，ここで述べる永久磁石を用いたほかの同期モータと比べると小さな発生トルクになってしまうという欠点がある．さらに，コイルに流れる電流は電源電圧に対して時間的位相の遅れが大きく，力率が低下することになる．

図 3.1 に 3 種類の三相同期モータを示す．同図 (a) は同期リラクタンスモータ，同図 (b) は永久磁石を回転子の表面に配置した **SPM モータ** (surface permanent magnet motor, SPM motor)，そして同図 (c) は永久磁石を回転子の中に埋め込んだ **IPM モータ** (interior permanent magnet motor, IPM motor) である．それらの違いは，回転子に磁極を発生させるための構造のみであり，同期リラクタンス

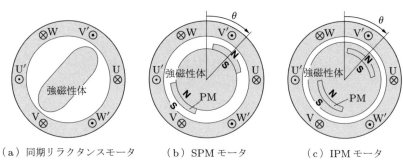

（a）同期リラクタンスモータ　　（b）SPM モータ　　（c）IPM モータ

図 3.1　同期モータの回転子構造

モータにおいては電機子電流がつくる磁界による強磁性体の磁化，SPM モータに
おいては永久磁石を用いる方法，そして IPM モータにおいては強磁性体の磁化と
永久磁石を併用する方法となる．自動車やロボットの駆動力などの用途には，狭く
て冷却しにくい空間に設置する必要があることから，損失がより少なく，そしてよ
り小さなマシンサイズ，かつ高い応答性などの特性が求められる．これらの要求に
応える性能をもつ代表的なものが，SPM モータや IPM モータである．

3.1　SPM モータ

　同期リラクタンスモータは，回転子の鉄心を磁化することではじめて回転子に磁
極を発生させることができるので，電機子コイルにはその磁化の分の電流も流す必
要がある．しかし，SPM モータにおいては回転子にはじめから永久磁石という強
力な磁極が確保されているので，回転子の磁化成分の電流は不要である．すなわ
ち，磁束成分の電流は不要で，回転子の磁極との間にトルクを発生させるために電
機子の鉄心を磁化する成分の電流だけを流せばよいので効率的であり，力率も高
い．したがって，同期リラクタンスモータに比べると，マシンサイズのわりに大き
なトルクを発生させられることになる．ただし，永久磁石は透磁率が空気とほぼ同
じ値であるために，回転子表面上に永久磁石を配置した SPM モータにおいては，
クリアランスの確保も必要となり，ギャップが等価的に自ずと増大することにな
る．加えて，回転子の遠心力による永久磁石の飛散を防ぐために，固定するための
部品などを必要とする短所がある．

[SPM モータの定式化]

　さて，図 3.1(b) をもとにこの段階で可能な定式化を進めてみよう．三相各相の自己インダクタンスは回転角度にかかわらず一定値 L_0 [H] であり，漏れインダクタンスを l [H]，そして有効自己インダクタンスを L_1 [H] とおけば，

$$L_U(\theta) = L_V(\theta) = L_W(\theta) = L_0 = l + L_1$$

と書ける．以下，同期リラクタンスモータの例題 1.4 で自己インダクタンスの空間高調波成分を無視したのと同様に考える．すなわち，図に示す集中巻ではなく，電機子コイルの分布巻や永久磁石の形状設計による理想的な設計を仮定して，永久磁石のつくる電機子の各相の磁束鎖交数の空間高調波成分を無視して定式化を行う．

　なお，さらなる厳密な解析は次章において述べるが，各相の電流が自分自身のコイルにつくる磁束鎖交による自己インダクタンスだけでなく，ほかの相からの磁束鎖交に基づくインダクタンス，すなわち相間の相互インダクタンスも正確には考慮しないといけない．三相の電流は $i_U + i_V + i_W = 0$，すなわち和をとると 0 になるという拘束条件がある．たとえば，$i_V + i_W = -i_U$ とすると，V 相と W 相からの磁束鎖交は U 相の磁束鎖交におきかえられるため，相間の相互インダクタンスはコイル自身の自己インダクタンスに加わることに注意する．ただ，その場合でもコイル自身の自己インダクタンスが定数倍になるだけなので，$L_U(\theta) = L_V(\theta) = L_W(\theta) = L_0$ とおくことに非合理性はない．

　SPM モータは，三相の電源があると同時に永久磁石という磁界発生源があるので，**4 つの電気端子対をもつ系**であることがわかる．すなわち，磁束鎖交数と電流の変数を用いた 3 つの電気端子対 $(\psi_U, i_U), (\psi_V, i_V), (\psi_W, i_W)$ に加え，ここでは新たに永久磁石の磁束鎖交数 ψ_P [Wb] と，等価な磁化電流 i_P [A] を用いた電気端子対 (ψ_P, i_P) を考える必要がある．この点に関しては，永久磁石を用いた回転機だけでなく，超電導磁石をもつリニア同期モータの解析においてもあまり考慮されていなかった視点であり，エネルギーの表現の点で理論的な重要性が認められるものと考える．

　図 3.1(b) に示すように，回転子の表面には角度 θ [rad] の位置に永久磁石が 1 対配置されているとする．その透磁率は空気とほぼ同じ値をもつ．

　永久磁石からの電機子各相コイルへの磁束鎖交数 $\psi_{P\zeta}$ ($\zeta = U, V, W$) は，M_{Pm} [H] をそれぞれ U, V, W 相のコイルと永久磁石との相互インダクタンスの最大値とおけば，

$$\psi_{PU}(\theta) = M_{Pm} \cos\theta\, i_P$$

$$\psi_{PV}(\theta) = M_{Pm} \cos\left(\theta - \frac{2\pi}{3}\right) i_P$$

$$\psi_{PW}(\theta) = M_{Pm} \cos\left(\theta - \frac{4\pi}{3}\right) i_P$$

と書けて，電機子コイル電流から永久磁石の電気端子対への磁束鎖交数を ψ_{SP} とおけば，次式で与えることができる．

$$\psi_{SP}(\theta) = M_{Pm} \cos\theta i_U + M_{Pm} \cos\left(\theta - \frac{2\pi}{3}\right) i_V + M_{Pm} \cos\left(\theta - \frac{4\pi}{3}\right) i_W$$

U,V,W の各相の磁束鎖交数 ψ_ζ ($\zeta = U, V, W$) は，電機子電流自身による成分と，永久磁石からの成分の和で表される．一方で，永久磁石の電気端子対への磁束鎖交数 ψ_P は，磁化電流自身による成分 ψ_{PP} と電機子電流による成分 ψ_{SP} の和として与えられる．したがって，以上の式を用いて次式を得る．

$$\psi_U(\theta) = \psi_{iU} + \psi_{PU}(\theta)$$

$$\psi_V(\theta) = \psi_{iV} + \psi_{PV}(\theta)$$

$$\psi_W(\theta) = \psi_{iW} + \psi_{PW}(\theta) \tag{3.1}$$

$$\psi_P(\theta) = \psi_{PP} + \psi_{SP}(\theta)$$

ここに

$$\Psi_{iU} = L_0 i_U(t), \quad \Psi_{iV} = L_0 i_V(t), \quad \Psi_{iW} = L_0 i_W(t)$$

であり，i_ζ ($\zeta = U, V, W$) は三相正弦波交流で，時間 $t = 0$ においてトルク角 δ を確保するように初期位相をもたせて与えるものとして，次式で与える．

$$i_U(t) = I_m \cos(\omega t + \delta)$$

$$i_V(t) = I_m \cos\left(\omega t + \delta - \frac{2\pi}{3}\right)$$

$$i_W(t) = I_m \cos\left(\omega t + \delta - \frac{4\pi}{3}\right)$$

磁気エネルギー W_m [J] は 4 つの電気端子対に関する和となって，次式で与えられる．

$$W_m = \frac{1}{2}\psi_U i_U + \frac{1}{2}\psi_V i_V + \frac{1}{2}\psi_W i_W + \frac{1}{2}\psi_P i_P$$

$$= \psi_{PU}(\theta)i_U + \psi_{PV}(\theta)i_V + \psi_{PW}(\theta)i_W + W_{m0}$$

$$= M_{Pm}\cos\theta\, i_P i_U + M_{Pm}\cos\left(\theta - \frac{2\pi}{3}\right)i_P i_V + M_{Pm}\cos\left(\theta - \frac{4\pi}{3}\right)i_P i_W$$
$$(3.2)$$

ここに，W_{m0} は

$$W_{m0} = \frac{1}{2}\psi_{iU}i_U + \frac{1}{2}\psi_{iV}i_V + \frac{1}{2}\psi_{iW}i_W + \frac{1}{2}\psi_{PP}i_P$$

と表され，回転子変位 θ に関係しない項であることから，力学的エネルギーとの相互変換に寄与しないものである．

ここで，力学的エネルギーへの変換に寄与する成分の磁気エネルギーのみを考え，さらに線形であることからそれを磁気随伴エネルギー W'_{Pm} として再定義し，

$$W'_{Pm} = W_m - W_{m0}$$

とする．永久磁石と各相のコイル間の相互インダクタンスを $M_{P\zeta}$ $(\zeta = U, V, W)$ とおくと，この磁気随伴エネルギーは

$$W'_{Pm} = M_{PU}i_U i_P + M_{PV}i_V i_P + M_{PW}i_W i_P \tag{3.3}$$

と表される．

ここに，相互インダクタンスは次式で表される．

$$M_{PU}(\theta) = M_{Pm}\cos\theta$$

$$M_{PV}(\theta) = M_{Pm}\cos\left(\theta - \frac{2\pi}{3}\right)$$

$$M_{PW}(\theta) = M_{Pm}\cos\left(\theta - \frac{4\pi}{3}\right)$$

すなわち，各相の磁束鎖交数は

$$\psi_{P\zeta}(\theta) = M_{P\zeta}(\theta)i_P \quad (\zeta = U, V, W)$$

と書ける．

[機械角と電気角]

この節ではこれまで，N 極と S 極が 1 つずつの，いわゆる 2 極のモータを設定した．しかし，実際には 4 極や 6 極などのモータも存在する．それらのギャップの

磁界に注目すると，1 周が 2π rad の機械的な角度内で，磁界分布は 4 極の場合は 2 周期，6 極の場合は 3 周期の変化をする．機械的な角度を θ_m [rad]，磁界の変化に着目した位相を θ [rad]，**極対数** (number of pole pairs) を p とおけば，

$$\theta = p\theta_m$$

と書ける．たとえば，2 極のモータは $p = 1$，4 極は $p = 2$ となる．このとき，θ_m を**機械角** (mechanical angle)，θ を**電気角** (electrical angle) とよぶ．以後も簡単のために 2 極のモータを例にして述べるので，機械角と電気角が等しい系で考える．トルクの導出については機械角に関する偏微分でなければならないが，その他の幾何学的な射影に関しては電気角を用いることになるので注意する．

三相電流の式に $\omega t = \theta$ を代入して，トルク T [Nm] は θ に関する偏微分で

$$T = \frac{\partial W'_{Pm}(i,\theta)}{\partial \theta} = i_U i_P \frac{dM_{PU}}{d\theta} + i_V i_P \frac{dM_{PV}}{d\theta} + i_W i_P \frac{dM_{PW}}{d\theta} \tag{3.4}$$

と求められる．U,V,W の各相のトルク成分をそれぞれ T_U [Nm]，T_V [Nm]，T_W [Nm] とおけば，

$$
\begin{aligned}
T &= T_U + T_V + T_W \\
&= -I_m i_P M_{Pm} \left\{ \sin\theta \cos(\theta + \delta) + \sin\left(\theta - \frac{2\pi}{3}\right)\cos\left(\theta + \delta - \frac{2\pi}{3}\right) \right. \\
&\qquad \left. + \sin\left(\theta - \frac{4\pi}{3}\right)\cos\left(\theta + \delta - \frac{4\pi}{3}\right) \right\} \\
&= \frac{3}{2}\Psi_{Pm} I_m \sin\delta
\end{aligned}
\tag{3.5}
$$

となり，ここに，

$$
\begin{aligned}
T_U &= -\Psi_{Pm} I_m \sin\theta \cos(\theta + \delta) \\
T_V &= -\Psi_{Pm} I_m \sin\left(\theta - \frac{2\pi}{3}\right)\cos\left(\theta + \delta - \frac{2\pi}{3}\right) \\
T_W &= -\Psi_{Pm} I_m \sin\left(\theta - \frac{4\pi}{3}\right)\cos\left(\theta + \delta - \frac{4\pi}{3}\right)
\end{aligned}
\tag{3.6}
$$

が得られる．

[SPM モータの電流とトルクの関係]

同期リラクタンスモータの場合はトルク角の関数形が $\sin 2\delta$ となっていたが，SPM モータの場合は $\sin\delta$ の形となっていることが大きな違いである．さらに前

述のように，SPM モータのトルクはマシンサイズのわりに同期リラクタンスモータよりも大きなものになることがわかっている．図 3.2 に，負荷トルクを負いながら駆動され，回転子の回転角度 θ [rad] に応じて三相コイルの電流を変化させることにより，電機子の鉄心が電機子の電流により磁化されて磁極の場所が変化している様子を定性的に示している．回転子の永久磁石は，電機子の磁極に周方向の吸引力を受けることで，トルクを生じて回転している．

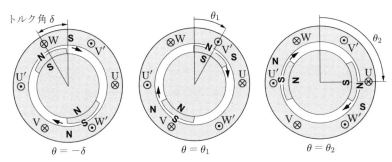

（a）回転子の動きに応じた固定子鉄心の磁化

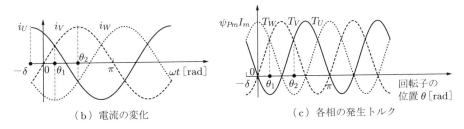

（b）電流の変化　　　　　（c）各相の発生トルク

図 3.2　SPM モータのトルク

　同図 (a) の $\theta = -\delta$ の場合には，負荷トルクに相当する空間的位相 δ [rad] の分だけ進んだ位置に，同図 (b) に示すように U 相電流の最大値を発生させていることを示している．もし回転子の回転角度 $\theta = 0$ のところで U 相の電流が最大になるように駆動したとすれば，電機子と回転子の間には周方向の吸引力は生じず，径方向の吸引力のみとなる．つねに一定の空間的位相の分だけ進んだ位置に電機子電流の最大値を流せば，電機子電流によってつくられる磁極の中心がそこに形成され，回転子の磁極を周方向に引っ張る力が発生する．

　同図 (c) は各相のトルク成分を示している．三相の合計トルクは負荷トルクに応じた大きさの，つねに時間的に一定値の $(3/2)\Psi_{Pm}I_m \sin\delta$ [Nm] である．$\theta = -\delta$ の位置で U 相と W 相では正のトルクが発生しているが，V 相ではわずかに負のト

ルクとなっていることがわかる.

次に,回転子が移動した $\theta = \theta_1$ [rad] においては,W 相電流が負の最大値である.同図 (a) のクロス・ドットで示す W 相電流の正方向の定義に注意すると,正のトルクが発生することがわかり,同図 (c) において W 相のトルクが $T_W > 0$ となっていることが確認でき,V 相も同様である.U 相はわずかに負のトルクを発生している.

最後に,回転子がさらに移動して $\theta = \theta_2$ [rad] になると,V 相電流のみが正の値となるが,V 相だけでなく U 相も正のトルクを発生して,W 相はわずかに負のトルクを発生している.

このように,電機子の磁極の発生は,回転子の磁極よりも,負荷トルクを表すトルク角の分だけ空間的に進んだ位置に保たれている必要がある.同期リラクタンスモータにおいてはトルク角が $\pi/4$ rad 以下が安定範囲だったのに対して,SPM モータでは $\pi/2$ rad 以下が安定範囲となる.

3.2 IPM モータ

IPM モータのモデルを,自己インダクタンスのグラフとともに図 3.3 に示す.IPM モータでは,同期リラクタンスモータの突極性と SPM モータの永久磁石を合わせた特性を利用する.同期モータの解析にあたっては,回転子の磁極方向を d 軸 (direct axis),それに対し磁気的に直交する向きを q 軸 (quadrature axis) と呼称する.IPM モータの場合,永久磁石の設置する向きが d 軸とするが,この方向は永久磁石の存在により磁気抵抗が大きくなるので,ギャップが等価的に大きくなって自己インダクタンスは小さくなる.したがって,同期リラクタンスモータとは自

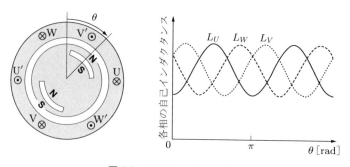

図 3.3 IPM モータのモデル

己インダクタンスの大小の点において逆になって，d 軸の自己インダクタンスが q 軸よりも小さくなるという特徴をもつことになり，**逆突極性** (anti-saliency) とよばれる．

[IPM モータの定式化]

各相の自己インダクタンスは，空間高調波磁界が無視できる理想的な設計を仮定して，次式で表現する．

$$L_U(\theta) = L_0 - L_1 \cos 2\theta$$
$$L_V(\theta) = L_0 - L_1 \cos\left\{2\left(\theta - \frac{2\pi}{3}\right)\right\}$$
$$L_W(\theta) = L_0 - L_1 \cos\left\{2\left(\theta - \frac{4\pi}{3}\right)\right\}$$

ここに，L_0 および L_1 は定数であるが，逆突極性をもつことにより，同期リラクタンスモータの場合の表現とは第 2 項の符号が異なっている．なお，第 1 章の同期リラクタンスモータと同様に，自己インダクタンスの式においてほかの 2 相からの相互誘導を厳密には考慮に入れていないことに注意する．厳密な定式化については，次の章でさらに議論を進める．

電機子のコイル電流 i_ζ ($\zeta = U, V, W$) は，電流の最大値 I_m と定数 δ を用いて以下の式で与えられる．

$$i_U(t) = I_m \cos(\omega t + \delta)$$
$$i_V(t) = I_m \cos\left(\omega t + \delta - \frac{2\pi}{3}\right)$$
$$i_W(t) = I_m \cos\left(\omega t + \delta - \frac{4\pi}{3}\right)$$

エネルギー変換に寄与する磁気随伴エネルギー W'_m は，同期リラクタンスモータの場合のものと，SPM モータにおけるものの和として表され，次式で与えられる．

$$W'_m = M_{PU}i_U i_P + M_{PV}i_V i_P + M_{PW}i_W i_P$$
$$+ \frac{1}{2}L_U(\theta)i_U^2 + \frac{1}{2}L_V(\theta)i_V^2 + \frac{1}{2}L_W(\theta)i_W^2 \tag{3.7}$$

ここで，$M_{P\zeta}$ ($\zeta = U, V, W$) は永久磁石と各相のコイル間の相互インダクタンス，i_P は永久磁石の磁化電流である．ゆえに，$\omega t = \theta$ を代入し，2 極のモータであることから，θ に関する偏微分により発生トルク T が次式で与えられる．

$$T = \frac{\partial W'_{Pm}(i, \theta)}{\partial \theta}$$
$$= T_{PU} + T_{PV} + T_{PW} + T_{rU} + T_{rV} + T_{rW}$$
$$= T_P + T_r \tag{3.8}$$

ここに，T_P は永久磁石が発生する**マグネットトルク** (magnet torque)，T_r は**リラクタンストルク** (reluctance torque) であり，次式で与えられる．

$$T_P = T_{PU} + T_{PV} + T_{PW} = \frac{3}{2}\Psi_{Pm}I_m \sin\delta$$
$$T_r = T_{rU} + T_{rV} + T_{rW} = -\frac{3}{4}L_1 I_m^2 \sin 2\delta \tag{3.9}$$

ここで，

$$T_{PU} = -\Psi_{Pm}I_m \sin\theta \cos(\theta + \delta)$$
$$T_{PV} = -\Psi_{Pm}I_m \sin\left(\theta - \frac{2\pi}{3}\right)\cos\left(\theta + \delta - \frac{2\pi}{3}\right)$$
$$T_{PW} = -\Psi_{Pm}I_m \sin\left(\theta - \frac{4\pi}{3}\right)\cos\left(\theta + \delta - \frac{4\pi}{3}\right)$$
$$T_{rU} = L_1 i_U^2 \sin 2\theta \tag{3.10}$$
$$T_{rV} = L_1 i_V^2 \sin 2\left(\theta - \frac{2\pi}{3}\right)$$
$$T_{rW} = L_1 i_W^2 \sin\left(\theta - \frac{4\pi}{3}\right)$$

である．

[マグネットトルクとリラクタンストルクの関係]

図 3.4 は，マグネットトルク T_P，リラクタンストルク T_r，および合計トルク T のトルク角に対する変化を示す．逆突極性のために，トルク角 δ に対するリラクタンストルクの変化は逆符号となって，$0 < \delta < \pi/2$ においては負のトルクを発生して，回転を妨げるトルクとなっている．しかし，$\pi/2 < \delta < \pi$ においては発生トルクを増強する形となっている．

マグネットトルクとリラクタンストルクの関係を物理的に理解するために，図 3.5 を見てみよう．同図 (a) と (b) の，トルク角が異なる 2 つのケースは，それぞれ図 3.4 におけるリラクタンストルクが負の場合と正の場合に該当する．いま，電機子の三相電流波形を示す右の図の左端，すなわち U 相電流が最大値，V 相と W

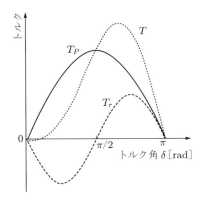

図 3.4 IPM モータトルクのトルク角に対する変化

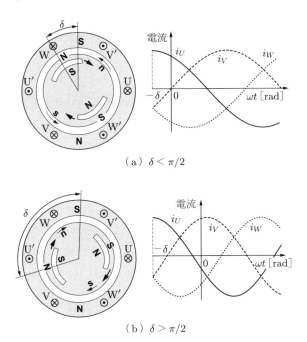

図 3.5 トルク角 $\delta = \pi/2$ を境目にした，IPM モータトルク発生の違い

相の電流は負の瞬間を考える．このときの電流の方向を左図においてクロス・ドットの記号で表している．同図 (a) はトルク角が $\pi/2\,\mathrm{rad}$ よりも小さい場合の運転であり，同図 (b) はトルク角が $\pi/2\,\mathrm{rad}$ よりも大きい場合の運転である．電機子電流波形の横軸は，時間が経過するにつれて変化する回転子の磁極の位置を $\omega t\,[\mathrm{rad}]$ で表している．

同図 (a) は，電機子の鉄心は図の上部が S 極，下部は N 極に磁化される．電機子と回転子の磁極の位置がずれているので，電機子と永久磁石の間には比較的に大きなトルクが生じていることがわかる．しかし，電機子のつくる磁束は回転子の中で磁気抵抗の大きな永久磁石を避けて形成されることから，回転子の鉄心は，電機子のつくる磁界により図の右上部分が N 極，左下部分が S 極に磁化される．すると，回転子の鉄心は逆向きのトルク，すなわちリラクタンストルクは負の値になることがわかる．

一方，同図 (b) は，回転子に埋め込まれた永久磁石の N 極の位置が，U 相の電流がつくる電機子の磁極に対して $\pi/2\,\mathrm{rad}$ を超えている，すなわちトルク角が $\pi/2\,\mathrm{rad}$ を超えている場合に相当する．電機子の N 極に若干近い位置に回転子の永久磁石の N 極があり，反発力によるトルクが生じている．しかし，$\delta = \pi/2\,\mathrm{rad}$ のときが最大値となるので，マグネットトルクは最大値を超えている状態である．一方，電機子のつくる起磁力によって回転子の上部が N 極，下部が S 極に磁化されることになり，リラクタンストルクが正の値のトルクを発生させる．すなわち，トルク角が $\pi/2\,\mathrm{rad}$ を超えると，マグネットトルクの減少にかわってリラクタンストルクが増加することで，大きなトルク角の範囲でもトルクを補償するかのような形となっている．

以上，SPM モータと IPM モータについて議論した．温度上昇が種々のモータの中で少ないことから効率的で，かつ電圧に対する電流の位相遅れが小さいことで力率が高い同期モータの代表である．そして，**回転子の変位を関数とする電機子コイルの磁束鎖交数と自己インダクタンスをもとに，三相電源から供給される電流を時間の関数として与えると，現象を考察しやすくなり，トルク発生の様子も容易に理解できる**ことを明らかにした．

┃参考文献

  [1] H.H. ウッドソン・J.R. メルヒャー（大越・二宮訳）：電気力学 1，産業図書，1974
  [2] 坂本哲三：電気機器の電気力学と制御　POD 版，森北出版，2018
  [3] 武田洋次・松井信行・森本茂雄・本田幸夫：埋込磁石同期モータの設計と制御，オーム社，2011

第4章

同期モータの座標変換とモデリング

　前章までで同期モータの動作の説明を行い，トルクの式の導出を行った．同期モータは，技術が発展する以前においては，瞬時トルクを制御することはできず，したがって，起動でさえもさほど容易ではなく，それなりの工夫が必要であった．しかし，パワーエレクトロニクス技術と電気機器の理論の発展により，現在では同期モータのみならず，誘導モータを含む交流モータについてトルクの瞬時値の制御が可能となり，車両などに幅広く適用されている．

　これまで繰り返し述べてきたように，電磁力の瞬時値を変えるには，磁束鎖交数か電流の瞬時値を制御する必要がある．そのためには，正負を繰り返す交流ではなく，直流モータのように状態量を直流量として眺めることができるように，座標を変換して制御することが必要となる．たとえば，モータ内を回転している磁界分布は，静止して眺めると海の波のように移動して見えることになるが，その「波」とともに回転しながら眺めると，磁界の「波」は静止して見えることになり，直流モータを想起させる．

　この章では，座標変換の方法と同期モータへの適用について詳しく述べる．

4.1　三相交流機から二相交流機への変換

4.1.1　座標変換の定式化

　交流電源には，家庭で使われる単相交流，そして動力用に使われる三相交流がある．三相交流はモータの駆動に便利である．その理由は，三相の電圧のそれぞれに対応するコイルを適切に配置するだけで，3つのコイルがそれぞれ異なるタイミングで電流を流して磁界分布が回転するので，回転子に磁界源があればトルクが発生するからである．

　しかし，三相交流にかわって二相交流を用いても，まったく同じ回転磁界をもつモータをつくることができる．すなわち，三相交流モータは数学的には冗長な形をもつのである．したがって，座標変換を行うにあたっては，まず三相交流機器を二

相交流機器に座標変換することで，数学的な冗長性を省くことができる．

[絶対変換]

図 4.1 に，三相交流における状態量の，二相交流への射影を示している．この射影は，三相交流機の電圧，電流，あるいは磁束鎖交数などを二相交流機へ変換するものであり，変換した結果は三相交流機と同様に実現できて機能するものである．

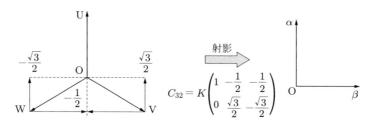

図 4.1　三相交流から二相交流への物理量の変換

ここで，三相交流機の磁束鎖交数の列ベクトルを $\psi = (\psi_U, \psi_V, \psi_W)^T$ とおく．二相交流機においては α 相と β 相のコイルからなるとし，磁束鎖交数の列ベクトルを $\psi_2 = (\psi_\alpha, \psi_\beta)^T$，そして変換行列を C_{32} とおいて，

$$\psi_2 = C_{32}\psi \tag{4.1}$$

と表す．加えて，二相交流機から三相交流機に変換して戻したときに，元の式にならなければならない．状態量の倍率を表す座標変換の任意定数を K とおけば，変換行列は図を用いて次式となる．

$$C_{32} = K \begin{pmatrix} 1 & -\frac{1}{2} & -\frac{1}{2} \\ 0 & \frac{\sqrt{3}}{2} & -\frac{\sqrt{3}}{2} \end{pmatrix} \tag{4.2}$$

二相交流座標系から三相交流座標系への変換にあたっては，変換行列 C_{32} は正則行列ではないので，**擬似逆行列** (pseudo-inverse matrix) を求める．C_{32} は行フルランクであるので，擬似逆行列を C_{32}^+ とすれば，二相から三相への変換行列 C_{23} は，

$$C_{23} = C_{32}^+ = C_{32}^T (C_{32} C_{32}^T)^{-1} = \frac{2}{3K} \begin{pmatrix} 1 & 0 \\ -\frac{1}{2} & \frac{\sqrt{3}}{2} \\ -\frac{1}{2} & -\frac{\sqrt{3}}{2} \end{pmatrix} \tag{4.3}$$

となる．

　ここで，係数として $2/(3K)$ が現れた．二相への変換後に三相機に正常に戻れば
よいという最低条件を課すと，任意定数 K の選び方には自由度があるが，機器の
パワーが変換の前後で一定値に保たれるための条件を加えると，$K = \sqrt{2/3}$ を得
る．すなわち，三相から二相への変換行列は次式で与えられる．

$$C_{32} = \sqrt{\frac{2}{3}} \begin{pmatrix} 1 & -\frac{1}{2} & -\frac{1}{2} \\ 0 & \frac{\sqrt{3}}{2} & -\frac{\sqrt{3}}{2} \end{pmatrix} \tag{4.4}$$

一方，二相から三相への変換行列として，

$$C_{23} = \sqrt{\frac{2}{3}} \begin{pmatrix} 1 & 0 \\ -\frac{1}{2} & \frac{\sqrt{3}}{2} \\ -\frac{1}{2} & -\frac{\sqrt{3}}{2} \end{pmatrix} \tag{4.5}$$

が得られる．これにより，変換によって同じパワーの機器が保証されるので，変換
された二相機によっても特性の計算は三相機と変わらないものになる．

　後の例題からもわかるように，この座標変換は二相機の電圧や磁束鎖交数，そし
て電流などの状態量がすべて，三相機に対して $\sqrt{3/2}$ 倍となる．たとえば，上記の
変換を用いて，二相交流の α 相の電流 i_α は次式で計算される．

$$i_\alpha = \sqrt{\frac{3}{2}} \left(i_U - \frac{1}{2} i_V - \frac{1}{2} i_W \right) = \sqrt{\frac{3}{2}} I_m \cos(\omega t)$$

ここに，I_m は三相交流電流の最大値である．パワーやエネルギーはそれらの変数
の積や 2 乗に比例する．三相機に対する二相機における 1 相分の比率は上式より
$3/2$ となり，相数分の倍数を乗じると，三相から二相への変換の前後において機器
のパワー・エネルギーが不変に保たれることがわかる．この座標変換を**絶対変換**
(absolute transformation) という．

［状態量の座標変換］

　座標変換は機器の状態量に対して適用できる．いま，三相機における電圧列ベク
トルを v [V]，電流列ベクトルを i [A]，磁束鎖交数列ベクトルを ψ [Wb]，そして同
様に二相機におけるそれらの物理量をそれぞれ v_2 [V], i_2 [A], ψ_2 [Wb] とおけば，
次式で関係づけられる．

$$v_2 = C_{32} v, \quad i_2 = C_{32} i, \quad \psi_2 = C_{32} \psi$$

前章において，3 種類の同期機について述べたが，その中で最も複雑な構造をもつ

IPM モータは，電機子コイルから見たインダクタンスが回転角度により変化し，かつ磁界発生源として永久磁石をもっている．すなわち，電源電圧とつり合う電圧として，電機子コイルの電気抵抗による電圧降下 Ri [V]，インダクタンスが電機子コイルにつくる電圧降下 $d(Li)/dt$ [V]，そして永久磁石のつくる磁界による電機子コイルにおける電圧降下 $d\psi_P/dt$ [V] が存在する．ここに，ψ_P は永久磁石による電機子磁束鎖交数列ベクトルである．

これまでの議論から，三相同期機の電機子抵抗行列を R，電機子インダクタンス行列を L とおけば，電機子コイルの電圧方程式は次式で一般に与えられることがわかる．

$$v = Ri + \frac{d(Li)}{dt} + \frac{d\psi_P}{dt}$$

右辺第 3 項の電圧降下は，いいかえれば永久磁石に起因する速度に比例する逆起電力であり，それを e とおけば，

$$v = Ri + \frac{d(Li)}{dt} + e$$

とも書ける．

三相同期機の電圧方程式に座標変換の式を代入すると，

$$v_2 = C_{32}RC_{23}i_2 + C_{32}\frac{d(Li)}{dt} + C_{32}\frac{d\psi_P}{dt}$$

となるが，この場合，座標変換行列 C_{32} が時間の関数ではなく定数からなる行列なので，

$$C_{32}\frac{d(Li)}{dt} = \frac{d(C_{32}Li)}{dt}, \quad C_{32}\frac{d\psi}{dt} = \frac{d(C_{32}\psi_P)}{dt}$$

が成立することに注意すると，

$$v_2 = R_2 i_2 + \frac{d(L_2 i_2)}{dt} + \frac{d\psi_{2P}}{dt}$$

を得ることができる．ここに，$R_2 = C_{32}RC_{23}, L_2 = C_{32}LC_{23}, \psi_{2P} = C_{32}\psi_P$ とおいた．

一般に，三相機の電機子抵抗を行列表示したときの R は，対称行列かつ対角行列であり，各相のコイルの抵抗を R_a [Ω] とおけば，

$$R = \begin{pmatrix} R_a & 0 & 0 \\ 0 & R_a & 0 \\ 0 & 0 & R_a \end{pmatrix}$$

の形に表される．$R_2 = C_{32}RC_{23}$ を適用すると，R が単位行列に定数を乗じた形

になっているので，

$$R_2 = \begin{pmatrix} R_a & 0 \\ 0 & R_a \end{pmatrix}$$

のように二相機に変換しても形は変わらず，対角要素のみをもつ三相機と同じ大きさの要素からなる行列で表される．これは，インダクタンス行列についても，非対角項をもたない場合は同様であり，三相機の抵抗とインダクタンス行列における対角要素の部分は，二相機に変換しても同じ値の要素が対角要素に現れることがわかる．

三相・二相間の座標変換についての概要を，最も多くの要素をもつ IPM モータを例にとって図 4.2 にまとめておく．同図 (a) は三相機のモデルと電圧方程式，そして同図 (b) には二相機のモデルと電圧方程式を示しており，その間に相互の座標変換のための関係式をまとめている．

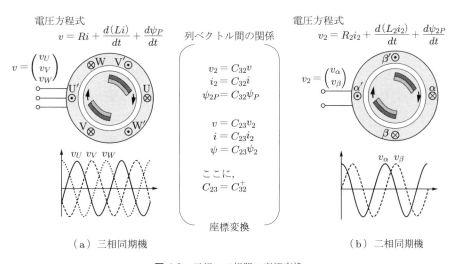

図 4.2　三相・二相間の座標変換

例題 4.1　三相機の磁束鎖交数の列ベクトル ψ [Wb] が

$$\psi = \begin{pmatrix} \psi_U \\ \psi_V \\ \psi_W \end{pmatrix} = \begin{pmatrix} \Psi_m \cos \omega t \\ \Psi_m \cos \left(\omega t - \frac{2\pi}{3} \right) \\ \Psi_m \cos \left(\omega t - \frac{4\pi}{3} \right) \end{pmatrix} \tag{4.6}$$

と表されるときに，二相機の磁束鎖交数 $\psi_2 = (\psi_\alpha, \psi_\beta)^T$ [Wb] を求めよ．

[解] 公式 $\psi_2 = C_{32}\psi$ を用いると,

$$\psi_\alpha = \sqrt{\frac{2}{3}}\left(\psi_U - \frac{1}{2}\psi_V - \frac{1}{2}\psi_W\right) = \sqrt{\frac{3}{2}}\Psi_m\cos(\omega t)$$

$$\psi_\beta = \sqrt{\frac{2}{3}}\left(\frac{\sqrt{3}}{2}\psi_V - \frac{\sqrt{3}}{2}\psi_W\right) = \sqrt{\frac{3}{2}}\Psi_m\sin(\omega t)$$

が得られる.

例題 4.1 において,二相交流表現と三相交流表現との差異は,時間関数の位相を別にして,係数 $\sqrt{3/2}$ である.エネルギーあるいはパワーは状態量の 2 乗に比例することに注意すれば,$\alpha\beta$ 軸における磁気エネルギーは $(\sqrt{3/2})^2 = 3/2$ の 2 相分となって,2 相分の和の係数は 3 となる.三相の UVW 軸においても 1 相分の 3 倍であり,三相機と二相機のエネルギーが同じ大きさになっている.すなわち,三相交流の 3 相分のエネルギー・パワーと,二相交流の 2 相分のエネルギー・パワーが同じ値になることがわかり,絶対変換によって機器もエネルギー・パワーは同一のものになることがわかった.

図 4.3 に,$\alpha\beta$ 相軸の平面上における各相の磁束鎖交数をプロットしており,ωt [rad] を変えて 1/4 周期の変化を示している.磁束鎖交数の大きさの各相成分が円上の軌跡を描き,これによって二相機においても三相機と同様に回転磁界が得られていることが確認できる.

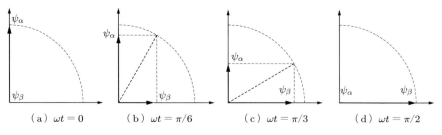

図 4.3 $\alpha\beta$ 相軸における磁束鎖交数の軌跡

4.1.2 同期リラクタンスモータのインダクタンス行列とトルク

第 1 章で述べた同期リラクタンスモータと第 3 章の IPM モータにおいて,インダクタンス行列を求めるにあたって,簡単のために自己インダクタンスのみを考慮して,現象の把握と電磁力の定式化を検討した.しかし,厳密には,各相の磁束鎖交数には自分自身のつくる磁束だけでなく,ほかの相からの成分も含まれなければ

ならない．この項では，相互インダクタンスを含めた詳細な解析を行って，厳密なインダクタンス行列を求める．

[インダクタンス行列の定式化]

同期リラクタンスモータの解析にあたっては，各相の自己インダクタンスは次式で与えた．

$$L_U(\theta) = L_0 + L_1 \cos 2\theta$$
$$L_V(\theta) = L_0 + L_1 \cos\left\{2\left(\theta - \frac{2\pi}{3}\right)\right\}$$
$$L_W(\theta) = L_0 + L_1 \cos\left\{2\left(\theta - \frac{4\pi}{3}\right)\right\}$$

ここで，インダクタンス L_0 と L_1 は，$L_0 > L_1$ の関係にあり，回転子の突極方向の最大値と，それと直交する方向の最小値を，この2つのパラメータで表現している（図 4.4）．加えて，一定値の電機子コイルの漏れインダクタンスがそれらの一部となっている．

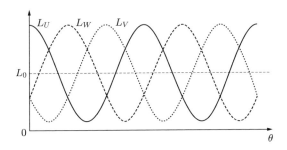

図 4.4　回転子の変位に対する自己インダクタンスの変化

ここではさらに検討を進めて，相互インダクタンスの定式化を行う．図 4.5 に回転子の変位を示す．図の各場合における相互インダクタンスについて見ていく．なお，相互インダクタンスの絶対値の最大値を M_{max}，そして極値を M_{ex} と書くことにする．コイルのクロス・ドット記号は，各相の正方向を示している．

- $\theta = 0$ において，U 相のコイルによってつくられる磁束は図の真上を向く方向であり，V 相のコイルに対しては負の方向に入る磁束となる．したがって，UV 間の相互インダクタンスを M_{UV} [H] とおけば，$M_{UV} < 0$ となる．W 相に対しても同様で，WU 間の相互インダクタンスは $M_{WU} < 0$ となっている

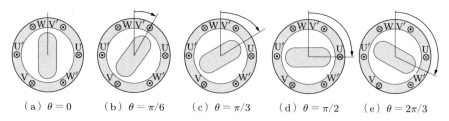

（a）$\theta=0$　（b）$\theta=\pi/6$　（c）$\theta=\pi/3$　（d）$\theta=\pi/2$　（e）$\theta=2\pi/3$

図 4.5　同期リラクタンスモータの回転子の変位

ことがわかる．VW 間については，V 相のコイルがつくる磁束は W 相のコイルに正の向きで入るので，VW 相間の相互インダクタンスは $M_{VW}>0$ となる．

- $\theta=\pi/6$ においては，V 相のコイル面と回転子の突極が平行となるので，V 相のコイルに鎖交する磁束はなくなり，$M_{UV}=M_{VW}=0$ となる．一方，U 相のコイルがつくる磁束は W 相のコイルに負の向きで入り，さらに回転子の向きは U 相と W 相のコイルに対して角度が同等に大きく，したがって，WU 間の相互インダクタンスは絶対値が最大で，かつ負の値となることがわかり，$M_{WU}=-M_{\max}$ となる．

- $\theta=\pi/3$ においては，U 相のコイルがつくる磁束は V 相のコイルに正の向きに入るものの，双方のコイルに対する回転子の角度が小さく，この近傍における極値をもち，$M_{UV}=M_{\mathrm{ex}}>0$ となる．このとき，W 相のコイルに対しては回転子の向きが比較的大きいが，U 相のコイルがつくる磁束は W 相のコイルに負の向きに入り，$M_{WU}<0$ となる．同様に，$M_{VW}<0$ もわかる．

- $\theta=\pi/2$ においては，U 相のコイル面に回転子が向いているので，U 相に関する相互インダクタンスは 0 であり，$M_{UV}=M_{WU}=0$ となる．一方で，V 相のコイルがつくる磁束は W 相のコイルに対して負の向きに入り，かつその絶対値は最大となるので，$M_{VW}=-M_{\max}$ となる．

- $\theta=2\pi/3$ においては，UV 間と VW 間は同様の関係となることに注意して，$M_{UV}=M_{VW}<0$，そして $M_{WU}=M_{\mathrm{ex}}>0$ となることがわかる．

以上の考察から，空間高調波が最小となるような理想的な設計を仮定すると，相互インダクタンスを次式で表すことができる．

$$M_{UV} = -\frac{1}{2}L_1 + L_1 \sin 2\left(\theta - \frac{\pi}{12}\right)$$

$$M_{VW} = -\frac{1}{2}L_1 + L_1 \sin 2\left(\theta - \frac{3\pi}{4}\right) \tag{4.7}$$

$$M_{WU} = -\frac{1}{2}L_1 + L_1 \sin 2\left(\theta - \frac{5\pi}{12}\right)$$

この式により求めた，回転子の変位に対する相互インダクタンスの変化を図 4.6 に示す．相互インダクタンスが正負を繰り返す形になっている．相間には空間的位相差 $2\pi/3\,\mathrm{rad}$ があることから，相互インダクタンスの平均値は，自己インダクタンスにも現れているインダクタンス L_1 を用いて，$L_1 \cos(2\pi/3) = -L_1/2$ となることがわかる（図中の破線）．

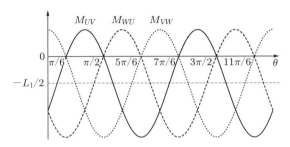

図 4.6 回転子の変位に対する相互インダクタンスの変化

[磁束鎖交数の座標変換]

次に，三相交流表現の数学的冗長性をなくす二相交流表現への座標変換を行う．まず準備として，三相交流表現の厳密な磁束鎖交数の式を与える．電機子コイルのインダクタンス行列を $L = (L_{ij})\,[\mathrm{H}]$，三相交流電流の列ベクトルを $i = (i_U, i_V, i_W)^T\,[\mathrm{A}]$ とおけば，磁束鎖交数の列ベクトル $\psi\,[\mathrm{Wb}]$ は次式となる．

$$\psi = Li = \begin{pmatrix} L_{11} & L_{12} & L_{13} \\ L_{21} & L_{22} & L_{23} \\ L_{31} & L_{32} & L_{33} \end{pmatrix} \begin{pmatrix} i_U \\ i_V \\ i_W \end{pmatrix} \tag{4.8}$$

ここに，

$$L = (L_{ij}) = \begin{pmatrix} L_U & M_{UV} & M_{WU} \\ M_{UV} & L_V & M_{VW} \\ M_{WU} & M_{VW} & L_W \end{pmatrix} \tag{4.9}$$

である.

この磁束鎖交数の式を二相交流表現に変換する. 座標変換行列を適用して, 二相交流の (α, β) 座標系における磁束鎖交数列ベクトル $\psi_2 = (\psi_\alpha, \psi_\beta)^T$ は,

$$
\begin{aligned}
\psi_2 &= C_{32}\psi \\
&= \sqrt{\frac{2}{3}} \begin{pmatrix} L_{11} - \frac{1}{2}L_{21} - \frac{1}{2}L_{31} & L_{12} - \frac{1}{2}L_{22} - \frac{1}{2}L_{32} & L_{13} - \frac{1}{2}L_{23} - \frac{1}{2}L_{33} \\ \frac{\sqrt{3}}{2}L_{21} - \frac{\sqrt{3}}{2}L_{31} & \frac{\sqrt{3}}{2}L_{22} - \frac{\sqrt{3}}{2}L_{32} & \frac{\sqrt{3}}{2}L_{23} - \frac{\sqrt{3}}{2}L_{33} \end{pmatrix} \\
&\quad \cdot \begin{pmatrix} i_U \\ i_V \\ i_W \end{pmatrix} \\
&= \sqrt{\frac{2}{3}} (L'_{ij}) \begin{pmatrix} i_U \\ i_V \\ i_W \end{pmatrix}
\end{aligned}
$$

とおく. すると, L'_{ij} の各要素は次式のようになる.

$$
L'_{11} = L_0 + \frac{L_1}{2} + \frac{3}{2}L_1 \cos 2\theta
$$

$$
L'_{12} = -\frac{L_0}{2} - \frac{L_1}{4} - \frac{3}{4}L_1 \cos 2\theta + \frac{3\sqrt{3}}{4}L_1 \sin 2\theta
$$

$$
L'_{13} = -\frac{L_0}{2} - \frac{L_1}{4} - \frac{3\sqrt{3}}{4}L_1 \sin 2\theta - \frac{3}{4}L_1 \cos 2\theta
$$

$$
L'_{21} = \frac{3}{2}L_1 \sin 2\theta
$$

$$
L'_{22} = \frac{\sqrt{3}}{2}L_0 + \frac{\sqrt{3}}{4}L_1 - \frac{3\sqrt{3}}{4}L_1 \cos 2\theta - \frac{3}{4}L_1 \sin 2\theta
$$

$$
L'_{23} = -\frac{\sqrt{3}}{2}L_0 - \frac{\sqrt{3}}{4}L_1 - \frac{3}{4}L_1 \sin 2\theta + \frac{3\sqrt{3}}{4}L_1 \cos 2\theta
$$

次に,

$$
\begin{pmatrix} i_U \\ i_V \\ i_W \end{pmatrix} = C_{23} \begin{pmatrix} i_\alpha \\ i_\beta \end{pmatrix}
$$

を代入すると, $\alpha\beta$ 軸の磁束鎖交数は

$$
\begin{pmatrix} \psi_\alpha \\ \psi_\beta \end{pmatrix} = \begin{pmatrix} L_0 + \frac{1}{2}L_1 + \frac{3}{2}L_1 \cos 2\theta & \frac{3}{2}L_1 \sin 2\theta \\ \frac{3}{2}L_1 \sin 2\theta & L_0 + \frac{1}{2}L_1 - \frac{3}{2}L_1 \cos 2\theta \end{pmatrix} \begin{pmatrix} i_\alpha \\ i_\beta \end{pmatrix} \tag{4.10}
$$

と得られる．すなわち，二相交流座標系におけるインダクタンス行列として，

$$L_2 = \begin{pmatrix} L_0 + \frac{1}{2}L_1 + \frac{3}{2}L_1\cos 2\theta & \frac{3}{2}L_1\sin 2\theta \\ \frac{3}{2}L_1\sin 2\theta & L_0 + \frac{1}{2}L_1 - \frac{3}{2}L_1\cos 2\theta \end{pmatrix} \tag{4.11}$$

を得ることができた．ここで，L_0 と L_1 は，第 1 章で述べた漏れインダクタンス l [H]，有効自己インダクタンスの最大値 $L_{\max}$ [H]，そして最小値 $L_{\min}$ [H] を用いて

$$L_0 = l + \frac{L_{\max} + L_{\min}}{2}, \quad L_1 = \frac{L_{\max} - L_{\min}}{2} \tag{4.12}$$

と書ける．

　以上の変換のイメージを図 4.7 で表す．三相交流機（同図 (a)）を同じパワーとトルクをもつ二相交流機（同図 (b)）に変換したものであり，損失も変わらないことからマシンサイズも同一である．二相交流機について得られたインダクタンスの式は，次のようにして容易に図から確かめることができる．すなわち，同図 (b) から，$\theta = 0, \pi/2, \pi, 3\pi/2$ において，α 相および β 相のコイルのいずれかが回転子の向きと同じ平面に位置するので，相互インダクタンスは 0 となり，インダクタンス行列の非対角項は $\sin 2\theta$ となることがわかり，変換結果と一致している．自己インダクタンスについては，$\theta = 0, \pi$ において α 相の自己インダクタンスが最大値，$\theta = \pi/2, 3\pi/2$ において β 相の自己インダクタンスが最大値となることがわかり，これについても変換結果と確かに一致しているがわかる．

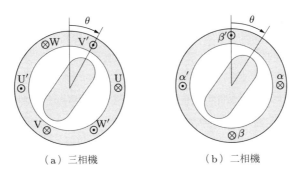

（a）三相機　　　　　（b）二相機

図 4.7　三相機と二相機で表した同期リラクタンスモータ

[相間の相互インダクタンスの影響]

　さて，第 1 章における同期リラクタンスモータの例題においては相間の相互インダクタンスを無視したが，三相交流機と二相交流機におけるインダクタンス行列と

して，いかなる差異があるかを詳しく理解しておく必要がある．UVW 軸における電機子の相互インダクタンスを無視した場合の，UVW 軸のインダクタンス行列 L の形と $\alpha\beta$ 軸のインダクタンス行列 L_2 は，変換結果だけを示すと，以下のように与えられる．

$$L = \begin{pmatrix} L_U & 0 & 0 \\ 0 & L_V & 0 \\ 0 & 0 & L_W \end{pmatrix}$$ (4.13)

$$L_2 = \begin{pmatrix} L_0 + \frac{1}{2}L_1\cos 2\theta & \frac{1}{2}L_1\sin 2\theta \\ \frac{1}{2}L_1\sin 2\theta & L_0 - \frac{1}{2}L_1\cos 2\theta \end{pmatrix}$$

二相交流機のインダクタンス行列 L_2 について，式 (4.11) に示した厳密な表現とここに示す式を比較すると，三相交流機における相互インダクタンスを省略することが大きな差異をつくることが確認できる．すなわち，両者を比較すると，$\alpha\beta$ 軸の自己インダクタンスは，相間の相互インダクタンスを考慮することで，平均値が L_0 から $L_0 + L_1/2$ となって約 1.5 倍，振幅は $L_1/2$ から $3L_1/2$ となって 3 倍となっている．すなわち，関数の形は同じだが，係数などは異なる．したがって，**三相交流座標系における相間の相互インダクタンスを無視することは，現象の考察をする分には問題ないが，特性計算をするときは大きな誤差につながる**ことがわかる．

[トルクの定式化]

1.3 節において，N 個の電気端子対と M 個の機械端子対を考えた電磁力の公式（表 1.2）を示したが，上記の相互インダクタンスを考慮した系には適応していないことがわかる．そこで，トルクの導出法をエネルギーの 2 次形式を用いた方法に拡張することを考える．同期リラクタンスモータの二相機は，2 つの電気端子対 $(\psi_\alpha, i_\alpha),(\psi_\beta, i_\beta)$ をもっており，磁気随伴エネルギーを以下のように電流列ベクトルの 2 次形式で表すことができる．

$$W_m'(i_2, \theta) = \frac{1}{2}i_2^T L_2(\theta)i_2$$ (4.14)

したがって，機械角の説明の箇所ですでに述べたように，トルクの式を得るためにはエネルギーを機械角 θ_m ($= \theta/p$；p：極対数) [rad] に関して偏微分しなければならないので，

$$T = \frac{\partial W_m'}{\partial \theta_m} = -\frac{pL_1}{2}\sin 2\theta i_\alpha^2 + pL_1\cos 2\theta i_\alpha i_\beta + \frac{pL_1}{2}\sin 2\theta i_\beta^2$$ (4.15)

を得る．右辺第 2 項は相間の相互インダクタンスが回転角度に従って変化することにより生じるトルク成分である．ここで，トルク角 δ を用いて電機子電流を表現し，

$$i_\alpha = \sqrt{\frac{3}{2}}I_m\cos(\omega t + \delta), \quad i_\beta = \sqrt{\frac{3}{2}}I_m\sin(\omega t + \delta), \quad \theta = \omega t$$

を代入すると，トルクとして次式が得られる．

$$T = \frac{9p}{4}L_1 I_m^2 \sin 2\delta = T_m \sin 2\delta \tag{4.16}$$

ここに，トルク角の変化に対する最大出力トルクが次式で得られた．

$$T_m = \frac{9p}{4}L_1 I_m^2$$

　この結果により，第 1 章の例題において三相交流座標系で**相間の磁気的相互誘導を無視したことで，トルクが 1/3 の大きさに見積もられてしまっていた**ことがわかる．このように，同期リラクタンスモータにおける，相間の磁気的相互誘導が回転子の変位の関数として変動する影響は非常に大きいことがわかる．また，**二相交流機で表すことは，三相機に比べると数式表現が非常に簡素となる**という意義がある．

[磁気エネルギーと磁気随伴エネルギー]

　表 4.1 に，電磁力の公式に適用する磁気エネルギー W_m と磁気随伴エネルギー W_m' について，最も一般化した公式を示す．なお，電磁力の計算には表 1.2 を用いる．端子対間の磁気的相互作用をもつ N 個の電気端子対 $(\psi_1, i_1), \ldots, (\psi_N, i_N)$ と，M 個の機械端子対（回転機の場合は，$(T_1, \theta_1), \ldots, (T_M, \theta_M)$）をもつ系に適用可能な一般式を示すものである．同期リラクタンスモータのような突極性をもつモータにおいては，相間の相互インダクタンスも角度変位によって変化するために，相間に蓄えられるエネルギーが電磁力を発生させるので，インダクタンス行列による 2 次形式でこれを表すことが必要になる．

表 4.1　一般化された磁気エネルギーと磁気随伴エネルギーの公式

	直線運動系 （変数：直線変位 $x_1, \ldots, x_M$）	回転運動系 （変数：角度変位 $\theta_1, \ldots, \theta_M$）
（変数：磁束鎖交数 $\psi = (\psi_1, \ldots, \psi_N)^T$） （変数：電流 $i = (i_1, \ldots, i_N)^T$）	$W_m(\psi, x) = \dfrac{1}{2}\psi^T L(x)^{-1}\psi$ $W_m'(\psi, x) = \dfrac{1}{2}i^T L(x)i$	$W_m(\psi, \theta) = \dfrac{1}{2}\psi^T L(\theta)^{-1}\psi$ $W_m(i, \theta) = \dfrac{1}{2}i^T L(\theta)i$

電磁力の公式は表 1.2 参照

4.1.3　SPM モータのインダクタンス行列とトルク

SPM モータのモデルを改めて図 4.8 に示す．永久磁石の透磁率は空気の透磁率にほぼ等しいので，この場合は回転子の変位にかかわらず一定値の要素からなる電機子のインダクタンス行列となる．第 3 章の例題では**電機子コイルの相間の相互インダクタンスを無視した**が，同期リラクタンスモータとは異なり SPM モータは回転子に突極性がないので，それがトルクの計算に影響を与えることはほぼないといえる．しかし，後述するように，二相交流機に変換したときの自己インダクタンスの大きさに誤差が生じるので，三相交流機の相互インダクタンスを厳密に考慮した磁束鎖交数の定量的表現を得ることにする．

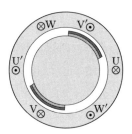

図 4.8　SPM モータ

[磁束鎖交数の定式化]

三相交流機の各相電機子コイルの自己インダクタンスは，漏れインダクタンスを $l\,[\mathrm{H}]$，そして有効自己インダクタンスを $L_1\,[\mathrm{H}]$ として，$l + L_1\,[\mathrm{H}]$ によって表せる．相間の相互誘導については，自己誘導を求める場合と単に空間的位相が互いに $2\pi/3\,\mathrm{rad}$ ずれているだけであることから，相互誘導の磁束鎖交数は 3 相すべてにおいて同一表現となる．たとえば，U 相の電機子コイルには V 相と W 相からの相互誘導があり，それを $\psi_{U\mathrm{mut}}$ とおけば，次式が得られる．

$$\psi_{U\mathrm{mut}} = L_1 \cos \frac{2\pi}{3} i_V + L_1 \cos \frac{2\pi}{3} i_W = -\frac{1}{2}L_1 i_V - \frac{1}{2}L_1 i_W$$

以上によって，磁束鎖交数 $\psi = (\psi_U, \psi_V, \psi_W)^T$ は次式で与えることができる．

$$\psi = Li = \begin{pmatrix} L_{11} & L_{12} & L_{13} \\ L_{21} & L_{22} & L_{23} \\ L_{31} & L_{32} & L_{33} \end{pmatrix} \begin{pmatrix} i_U \\ i_V \\ i_W \end{pmatrix} + \psi_P \tag{4.17}$$

ここに，SPM モータのインダクタンス行列は次式で表される．

$$L = \begin{pmatrix} l + L_1 & -\frac{1}{2}L_1 & -\frac{1}{2}L_1 \\ -\frac{1}{2}L_1 & l + L_1 & -\frac{1}{2}L_1 \\ -\frac{1}{2}L_1 & -\frac{1}{2}L_1 & l + L_1 \end{pmatrix} \tag{4.18}$$

また，永久磁石からの磁束鎖交数成分は次式で与えられた．

$$\psi_P = \begin{pmatrix} \psi_{PU} \\ \psi_{PV} \\ \psi_{PW} \end{pmatrix} = \begin{pmatrix} M_{Pm}\cos\theta\, i_P \\ M_{Pm}\cos\left(\theta - \frac{2\pi}{3}\right) i_P \\ M_{Pm}\cos\left(\theta - \frac{4\pi}{3}\right) i_P \end{pmatrix} = \begin{pmatrix} \Psi_{Pm}\cos\theta \\ \Psi_{Pm}\cos\left(\theta - \frac{2\pi}{3}\right) \\ \Psi_{Pm}\cos\left(\theta - \frac{4\pi}{3}\right) \end{pmatrix}$$

ここに，$\Psi_{Pm} = M_{Pm}i_P$ である．

二相交流の (α, β) 座標系における磁束鎖交数列ベクトル $\psi_2 = (\psi_\alpha, \psi_\beta)^T$ は，

$$\psi_2 = C_{32}\psi = C_{32}LC_{23}i_2 + C_{32}\psi_P \tag{4.19}$$

で与えられ，

$$C_{32}L = \sqrt{\frac{2}{3}} \begin{pmatrix} l + \frac{3}{2}L_1 & -\frac{l}{2} - \frac{3}{4}L_1 & -\frac{l}{2} - \frac{3}{4}L_1 \\ 0 & \frac{\sqrt{3}}{2}l + \frac{3\sqrt{3}}{4}L_1 & -\frac{\sqrt{3}}{2}l - \frac{3\sqrt{3}}{4}L_1 \end{pmatrix}$$

となって，

$$C_{32}LC_{23} = \begin{pmatrix} l + \frac{3}{2}L_1 & 0 \\ 0 & l + \frac{3}{2}L_1 \end{pmatrix}$$

が得られる．そして，

$$C_{32}\psi_P = \sqrt{\frac{3}{2}}\Psi_P \begin{pmatrix} \cos\theta \\ \sin\theta \end{pmatrix}$$

である．ゆえに，$\alpha\beta$ 軸の磁束鎖交数は次式で与えられる．

$$\begin{pmatrix} \psi_\alpha \\ \psi_\beta \end{pmatrix} = \begin{pmatrix} l + \frac{3}{2}L_1 & 0 \\ 0 & l + \frac{3}{2}L_1 \end{pmatrix} \begin{pmatrix} i_\alpha \\ i_\beta \end{pmatrix} + \sqrt{\frac{3}{2}}\Psi_{Pm} \begin{pmatrix} \cos\theta \\ \sin\theta \end{pmatrix} \tag{4.20}$$

なお，3.1 節で示した自己インダクタンス L_U, L_V および L_W を用いると，$\alpha\beta$ 軸の磁束鎖交数は次式で与えられる．

$$\begin{pmatrix} \psi_\alpha \\ \psi_\beta \end{pmatrix} = \begin{pmatrix} l + L_1 & 0 \\ 0 & l + L_1 \end{pmatrix} \begin{pmatrix} i_\alpha \\ i_\beta \end{pmatrix} + \sqrt{\frac{3}{2}}\Psi_{Pm} \begin{pmatrix} \cos\theta \\ \sin\theta \end{pmatrix}$$

両者を比較すると，インダクタンス行列の対角要素が $L_1/2\,[\mathrm{H}]$ だけ異なっている．すなわち，二相交流機への変換を行ったとき，三相機における相間の磁気誘導を無視したときは，三相機と自己インダクタンスの大きさは変わらない．一方，相

互誘導を考慮すると，二相交流機の自己インダクタンスの対角要素に違いが生じる．漏れインダクタンス l [H] は，三相機と二相機の双方のインダクタンス行列の対角要素に，そのまま現れている．

［トルクの定式化］

　第3章では三相機の4つの電気端子対に関する磁気エネルギーの和（式 (3.2)）からトルクを導出したが，ここでは表 4.1 にまとめた2次形式のエネルギーの一般式を適用して，二相コイルと永久磁石を含む3つの電気端子についてインダクタンス行列を導いて，トルクの定式化を示そう．

　式 (4.20) をもとに，(α, β) 軸の電気端子対，そして永久磁石の電気端子対に関する，3つの電気端子対の磁束鎖交数列ベクトル $(\psi_\alpha, \psi_\beta, \psi_P)^T$ をインダクタンス行列で表すと，

$$\begin{pmatrix} \psi_\alpha \\ \psi_\beta \\ \psi_P \end{pmatrix} = \begin{pmatrix} L_s & 0 & M_{2Pm}\cos\theta \\ 0 & L_s & M_{2Pm}\sin\theta \\ M_{2Pm}\cos\theta & M_{2Pm}\sin\theta & L_P \end{pmatrix} \begin{pmatrix} i_\alpha \\ i_\beta \\ i_P \end{pmatrix} = L_{2P}i_{2P} \quad (4.21)$$

が得られる．ここで，$\sqrt{3/2}\,\Psi_{Pm} = M_{2Pm}i_P, i_{2P} = (i_\alpha, i_\beta, i_P)^T, L_s = l + L_1$，および L_P を永久磁石の仮想的電気端子対の自己インダクタンスとおくと，インダクタンス行列として

$$L_{2P} = \begin{pmatrix} L_s & 0 & M_{2Pm}\cos\theta \\ 0 & L_s & M_{2Pm}\sin\theta \\ M_{2Pm}\cos\theta & M_{2Pm}\sin\theta & L_P \end{pmatrix} \quad (4.22)$$

が得られる．したがって，磁気随伴エネルギーは次式で与えられる．

$$W'_m(i_{2P}, \theta) = \frac{1}{2}i_{2P}^T L_{2P}(\theta)i_{2P}$$
$$= \frac{1}{2}L_\alpha i_\alpha^2 + \frac{1}{2}L_\beta i_\beta^2 + \frac{1}{2}L_P i_P^2 + M_{2Pm}i_\alpha i_P \cos\theta + M_{2Pm}i_\beta i_P \sin\theta \quad (4.23)$$

トルクは機械角 θ_m [rad] に関して偏微分を行い，極対数 p を用いて

$$T = \frac{\partial W'_m}{\partial \theta_m} = \sqrt{\frac{3}{2}}p\Psi_{Pm}(i_\beta \cos\theta - i_\alpha \sin\theta) \quad (4.24)$$

となる．ここで，

$$i_\alpha = \sqrt{\frac{3}{2}}I_m\cos(\omega t + \delta), \quad i_\beta = \sqrt{\frac{3}{2}}I_m\sin(\omega t + \delta), \quad \theta = \omega t$$

を代入すると，トルクとして次式を得る．

$$T = \frac{3p}{2}\Psi_{Pm}I_m\sin\delta \tag{4.25}$$

　この結果は，第3章における相間の磁気誘導を考慮しない場合と同一となった．これは，はじめに述べたように，SPM モータの相間の磁気誘導は回転子の変位により変化しないことから，磁気エネルギーの変化もなく，したがって，SPM モータのトルクに3相間磁気誘導は関係しないことから当然の結果である．

▌4.1.4　IPM モータのインダクタンス行列とトルク

　IPM モータのモデルを改めて図4.9に示す．前項の SPM モータと同様に，第3章では無視していた相間のインダクタンスを考慮して解析を行い，厳密なトルクの式を導く．

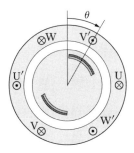

図4.9　IPM モータ

［磁束鎖交数の定式化］

　3.2節から，各相の自己インダクタンスは次式で表現できた．

$$L_U(\theta) = L_0 - L_1\cos 2\theta$$

$$L_V(\theta) = L_0 - L_1\cos\left\{2\left(\theta - \frac{2\pi}{3}\right)\right\}$$

$$L_W(\theta) = L_0 - L_1\cos\left\{2\left(\theta - \frac{4\pi}{3}\right)\right\}$$

　相互インダクタンスの定式化を行うために，図4.10に回転子の変位の様子を示す．これは，同期リラクタンスモータの場合（図4.5）に対して空間的に $\pi/2\,\mathrm{rad}$ 遅れているだけであるので，式 (4.7) から相互インダクタンスが次式で表される．

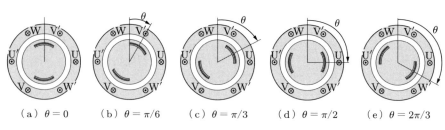

（a）$\theta = 0$　　（b）$\theta = \pi/6$　　（c）$\theta = \pi/3$　　（d）$\theta = \pi/2$　　（e）$\theta = 2\pi/3$

図 4.10　IPM モータの回転子の変位

$$M_{UV} = -\frac{1}{2}L_1 + L_1 \sin 2\left(\theta - \frac{7\pi}{12}\right)$$
$$M_{VW} = -\frac{1}{2}L_1 + L_1 \sin 2\left(\theta - \frac{5\pi}{4}\right) \qquad (4.26)$$
$$M_{WU} = -\frac{1}{2}L_1 + L_1 \sin 2\left(\theta - \frac{11\pi}{12}\right)$$

　回転子の変位に対する，この式によって求められた相互インダクタンスの変化を図 4.11 に示す．

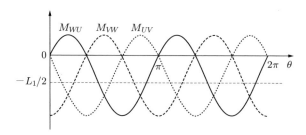

図 4.11　回転子の変位に対する相互インダクタンスの変化

　前節より，電機子コイルへの永久磁石からの磁束鎖交数は，次式で与えられた．

$$\psi_P = \begin{pmatrix} \psi_{PU} \\ \psi_{PV} \\ \psi_{PW} \end{pmatrix} = \begin{pmatrix} \Psi_{Pm}\cos\theta \\ \Psi_{Pm}\cos\left(\theta - \frac{2\pi}{3}\right) \\ \Psi_{Pm}\cos\left(\theta - \frac{4\pi}{3}\right) \end{pmatrix}$$

　二相交流の $\alpha\beta$ 座標系における磁束鎖交数列ベクトル $\psi_2 = (\psi_\alpha, \psi_\beta)^T$ は，

$$\psi_2 = C_{32}\psi = C_{32}Li + C_{32}\psi_P \qquad (4.27)$$

によって求められ，

$$C_{32}L = \sqrt{\frac{2}{3}} \begin{pmatrix} L_{11} - \frac{1}{2}L_{21} - \frac{1}{2}L_{31} & L_{12} - \frac{1}{2}L_{22} - \frac{1}{2}L_{32} & L_{13} - \frac{1}{2}L_{23} - \frac{1}{2}L_{33} \\ \frac{\sqrt{3}}{2}L_{21} - \frac{\sqrt{3}}{2}L_{31} & \frac{\sqrt{3}}{2}L_{22} - \frac{\sqrt{3}}{2}L_{32} & \frac{\sqrt{3}}{2}L_{23} - \frac{\sqrt{3}}{2}L_{33} \end{pmatrix}$$

となることから，次式が成り立つ.

$$C_{32}LC_{23} = \begin{pmatrix} L_0 + \frac{1}{2}L_1 - \frac{3}{2}L_1\cos 2\theta & -\frac{3}{2}L_1\sin 2\theta \\ -\frac{3}{2}L_1\sin 2\theta & L_0 + \frac{1}{2}L_1 + \frac{3}{2}L_1\cos 2\theta \end{pmatrix}$$

ゆえに，$\alpha\beta$ 軸の磁束鎖交数は次式で与えられる.

$$\begin{pmatrix} \psi_\alpha \\ \psi_\beta \end{pmatrix} = \begin{pmatrix} L_0 + \frac{1}{2}L_1 - \frac{3}{2}L_1\cos 2\theta & -\frac{3}{2}L_1\sin 2\theta \\ -\frac{3}{2}L_1\sin 2\theta & L_0 + \frac{1}{2}L_1 + \frac{3}{2}L_1\cos 2\theta \end{pmatrix} \begin{pmatrix} i_\alpha \\ i_\beta \end{pmatrix}$$
$$+ \sqrt{\frac{3}{2}}\Psi_{Pm} \begin{pmatrix} \cos\theta \\ \sin\theta \end{pmatrix} \tag{4.28}$$

同期リラクタンスモータにおける $\alpha\beta$ 軸のインダクタンス行列の式 (4.10) と比較すると，対角項における三角関数 cos の係数の符号が反転していることがわかる．同期リラクタンスモータの回転子がつくる磁極の向きとしての d 軸がインダクタンスの大きな方向であったのに対して，IPM モータにおいては回転子の磁極の向き d 軸がインダクタンスの小さい方向になっている逆突極性がこの式に表されている．

さて，二相交流座標系におけるインダクタンス行列として，

$$L_2 = \begin{pmatrix} L_0 + \frac{1}{2}L_1 - \frac{3}{2}L_1\cos 2\theta & -\frac{3}{2}L_1\sin 2\theta \\ -\frac{3}{2}L_1\sin 2\theta & L_0 + \frac{1}{2}L_1 + \frac{3}{2}L_1\cos 2\theta \end{pmatrix} \tag{4.29}$$

を得ることができた．ここで，SPM モータと同様に，漏れインダクタンス l [H]，有効自己インダクタンスの最大値 $L_{\max}$ [H]，そして最小値 $L_{\min}$ [H] は，

$$L_0 = l + \frac{L_{\max} + L_{\min}}{2}, \quad L_1 = \frac{L_{\max} - L_{\min}}{2}$$

の関係にある．

$\alpha\beta$ 軸の電気端子対，そして永久磁石の電気端子対に関する 3 つの電気端子対の磁束鎖交数列ベクトル $(\psi_\alpha, \psi_\beta, \psi_P)^T$ をインダクタンス行列で表すと

$$\begin{pmatrix} \psi_\alpha \\ \psi_\beta \\ \psi_P \end{pmatrix} = \begin{pmatrix} L_{s1}(\theta) & L_m(\theta) & M_{2Pm}\cos\theta \\ L_m(\theta) & L_{s2}(\theta) & M_{2Pm}\sin\theta \\ M_{2Pm}\cos\theta & M_{2Pm}\sin\theta & L_P \end{pmatrix} \begin{pmatrix} i_\alpha \\ i_\beta \\ i_P \end{pmatrix} = L_{2P}i_{2P} \tag{4.30}$$

となる．ここで，$\sqrt{3/2}\Psi_{Pm} = M_{2Pm}i_P$，$i_{2P} = (i_\alpha, i_\beta, i_P)^T$，$L_{s1}(\theta) = L_0 +$

$(1/2)L_1 - (3/2)L_1\cos2\theta, L_{s2}(\theta) = L_0 + (1/2)L_1 + (3/2)L_1\cos2\theta, L_m(\theta) = -(3/2)L_1\sin2\theta$，および L_P を永久磁石の仮想的電気端子対の自己インダクタンスとおく．すると，インダクタンス行列として

$$L_{2P} = \begin{pmatrix} L_{s1}(\theta) & L_m(\theta) & M_{2Pm}\cos\theta \\ L_m(\theta) & L_{s2}(\theta) & M_{2Pm}\sin\theta \\ M_{2Pm}\cos\theta & M_{2Pm}\sin\theta & L_P \end{pmatrix} \tag{4.31}$$

が得られる．

［トルクの定式化］

磁気随伴エネルギーは次式で与えられる．

$$\begin{aligned} W'_m(i_{2P},\theta) &= \frac{1}{2}i_{2P}^T L_{2P}(\theta)i_{2P} \\ &= \frac{1}{2}L_{s1}(\theta)i_\alpha^2 + \frac{1}{2}L_{s2}(\theta)i_\beta^2 + \frac{1}{2}L_P i_P^2 \\ &\quad + L_m(\theta)i_\alpha i_\beta + M_{2Pm}i_P(i_\alpha\cos\theta + i_\beta\sin\theta) \end{aligned} \tag{4.32}$$

トルクは，機械角に関して偏微分を行い，

$$\begin{aligned} T &= \frac{\partial W'_m(i_{2P},\theta)}{\partial\theta_m} \\ &= \sqrt{\frac{3}{2}}p\Psi_{Pm}(i_\beta\cos\theta - i_\alpha\sin\theta) \\ &= \frac{9}{8}pL_1 I_m^2\{\sin2(\omega t+\delta) - \sin2\delta\} - \frac{9}{8}pL_1 I_m^2\{\sin2(\omega t+\delta) + \sin2\delta\} \\ &\quad + \frac{3}{2}p\Psi_{Pm}I_m\sin\delta \end{aligned}$$

と得ることができた．式を整理すると，第 3 章と同様にマグネットトルク T_P [Nm] とリラクタンストルク T_r [Nm] の項にまとめられ，

$$T = T_P + T_r \tag{4.33}$$

となる．ここに，p は極対数であり，

$$T_P = \frac{3}{2}p\Psi_{Pm}I_m\sin\delta, \quad T_r = -\frac{9}{4}pL_1 I_m^2\sin2\delta \tag{4.34}$$

である．

同期リラクタンスモータの場合，正確なトルクの計算には UVW 軸における相間の磁気的な相互誘導を考慮する必要があるという結論を本節で得た．IPM モー

タにおいても当然のこととして，UVW 軸における相間の磁気的相互誘導を考慮に
入れたことにより，考慮しなかった第 3 章の計算値に比べてリラクタンストルクが
3 倍になっている．なお，マグネットトルクは，その相互誘導との関係はなく，第
3 章と同一の結果となる．

　本節では，まず同期リラクタンスモータに関し，回転子の変異に対する**電機子コ
イル相間の相互インダクタンスを，定性的なアプローチを通して厳密に定式化**し
た．そして，**二相交流機表現**の同期モータの 3 種について，**インダクタンス行列と
トルクの式を導出**した．

4.2　同期機の電圧方程式

　同期リラクタンスモータ，SPM モータ，そして IPM モータの $\alpha\beta$ 座標系におけ
るインダクタンス行列とトルクの導出を行った．三相交流機はハードウェアとして
は合理的ではあるが，インダクタンス行列の表現やトルクの定式化などにおいては
二相交流機の表現が便利であることは，すでに述べたところである．

　同期モータの端子に電源がつながると，電機子コイルに電流が流れ，磁界が機器
内部につくられることで電磁力が発生する．力学的な条件が成立すれば，発生した
電磁力が回転子の有効な駆動トルクとなって，固定子の回転磁界と同期して回転子
が負荷トルクを負いつつも回転は持続することになる．同期モータの駆動システム
を制御するには，電気系のダイナミクスを表す電圧方程式が必要となる．この節で
は，3 種類の同期モータについて，その電圧方程式を三相交流機と二相交流機の場
合について述べる．

　前節で導いた，抵抗とインダクタンス行列を用いると，三相の同期リラクタンス
モータの電圧方程式は次式で表される．

$$
\begin{pmatrix} v_U \\ v_V \\ v_W \end{pmatrix} = \begin{pmatrix} R_a & 0 & 0 \\ 0 & R_a & 0 \\ 0 & 0 & R_a \end{pmatrix} \begin{pmatrix} i_U \\ i_V \\ i_W \end{pmatrix}
$$
$$
+ \frac{d}{dt}\left\{ \begin{pmatrix} L_s(\theta,0) & L_m\left(\theta,\frac{\pi}{12}\right) & L_m\left(\theta,\frac{5\pi}{12}\right) \\ L_m\left(\theta,\frac{\pi}{12}\right) & L_s\left(\theta,\frac{2\pi}{3}\right) & L_m\left(\theta,\frac{3\pi}{4}\right) \\ L_m\left(\theta,\frac{5\pi}{12}\right) & L_m\left(\theta,\frac{3\pi}{4}\right) & L_s\left(\theta,\frac{4\pi}{3}\right) \end{pmatrix} \begin{pmatrix} i_U \\ i_V \\ i_W \end{pmatrix} \right\} \quad (4.35)
$$

ここに，

$$L_s(\theta, \eta) = L_0 + L_1 \cos 2(\theta - \eta), \quad L_m(\theta, \nu) = -\frac{1}{2}L_1 + L_1 \sin 2(\theta - \nu)$$

である.

そして同様に，前節の結果により三相の SPM モータの電圧方程式は次式で与えられる.

$$
\begin{pmatrix} v_U \\ v_V \\ v_W \end{pmatrix} = \begin{pmatrix} R_a & 0 & 0 \\ 0 & R_a & 0 \\ 0 & 0 & R_a \end{pmatrix} \begin{pmatrix} i_U \\ i_V \\ i_W \end{pmatrix} + \begin{pmatrix} L_s & L_m & L_m \\ L_m & L_s & L_m \\ L_m & L_m & L_s \end{pmatrix} \frac{d}{dt} \begin{pmatrix} i_U \\ i_V \\ i_W \end{pmatrix}
$$
$$
+ \begin{pmatrix} -\omega \Psi_{Pm} \sin\theta \\ -\omega \Psi_{Pm} \sin\left(\theta - \frac{2\pi}{3}\right) \\ -\omega \Psi_{Pm} \sin\left(\theta - \frac{4\pi}{3}\right) \end{pmatrix} \tag{4.36}
$$

ここに，

$$L_s = l + L_1, \quad L_m = -\frac{1}{2}L_1$$

である.

最後に，三相の IPM モータの電圧方程式は前節の結果をもとに次式で表される.

$$
\begin{pmatrix} v_U \\ v_V \\ v_W \end{pmatrix} = \begin{pmatrix} R_a & 0 & 0 \\ 0 & R_a & 0 \\ 0 & 0 & R_a \end{pmatrix} \begin{pmatrix} i_U \\ i_V \\ i_W \end{pmatrix}
$$
$$
+ \frac{d}{dt} \left\{ \begin{pmatrix} L_s(\theta, 0) & L_m\left(\theta, \frac{7\pi}{12}\right) & L_m\left(\theta, \frac{11\pi}{12}\right) \\ L_m\left(\theta, \frac{7\pi}{12}\right) & L_s\left(\theta, \frac{2\pi}{3}\right) & L_m\left(\theta, \frac{5\pi}{4}\right) \\ L_m\left(\theta, \frac{11\pi}{12}\right) & L_m\left(\theta, \frac{5\pi}{4}\right) & L_s\left(\theta, \frac{4\pi}{3}\right) \end{pmatrix} \begin{pmatrix} i_U \\ i_V \\ i_W \end{pmatrix} \right\}
$$
$$
+ \begin{pmatrix} -\omega \Psi_{Pm} \sin\theta \\ -\omega \Psi_{Pm} \sin\left(\theta - \frac{2\pi}{3}\right) \\ -\omega \Psi_{Pm} \sin\left(\theta - \frac{4\pi}{3}\right) \end{pmatrix} \tag{4.37}
$$

ここに，

$$L_s(\theta, \eta) = L_0 - L_1 \cos 2(\theta - \eta), \quad L_m(\theta, \nu) = -\frac{1}{2}L_1 + L_1 \sin 2(\theta - \nu)$$

である.

次に，同様に 3 種類の同期機について，二相交流として表した電圧方程式を以下に示す. 同期リラクタンスモータの電圧方程式は次式で与えられる.

$$\begin{pmatrix} v_\alpha \\ v_\beta \end{pmatrix} = \begin{pmatrix} R_a & 0 \\ 0 & R_a \end{pmatrix} \begin{pmatrix} i_\alpha \\ i_\beta \end{pmatrix} + \frac{d}{dt} \left\{ \begin{pmatrix} L_{s1}(\theta) & L_m(\theta) \\ L_m(\theta) & L_{s2}(\theta) \end{pmatrix} \begin{pmatrix} i_\alpha \\ i_\beta \end{pmatrix} \right\} \quad (4.38)$$

ここに，

$$L_{s1}(\theta) = L_0 + \frac{1}{2}L_1 + \frac{3}{2}L_1\cos 2\theta, \quad L_{s2}(\theta) = L_0 + \frac{1}{2}L_1 - \frac{3}{2}L_1\cos 2\theta,$$
$$L_m(\theta) = \frac{3}{2}L_1\sin 2\theta \quad (4.39)$$

である．

続いて，二相の SPM モータの電圧方程式は，次式で与えられる．

$$\begin{pmatrix} v_\alpha \\ v_\beta \end{pmatrix} = \begin{pmatrix} R_a & 0 \\ 0 & R_a \end{pmatrix} \begin{pmatrix} i_\alpha \\ i_\beta \end{pmatrix} + \begin{pmatrix} L_s & 0 \\ 0 & L_s \end{pmatrix} \frac{d}{dt} \begin{pmatrix} i_\alpha \\ i_\beta \end{pmatrix} + \begin{pmatrix} -\sqrt{\frac{3}{2}}\omega\Psi_{Pm}\sin\theta \\ \sqrt{\frac{3}{2}}\omega\Psi_{Pm}\cos\theta \end{pmatrix} \quad (4.40)$$

ここに，

$$L_s = l + L_1$$

である．

最後に，二相の IPM モータの電圧方程式は，次式となる．

$$\begin{pmatrix} v_\alpha \\ v_\beta \end{pmatrix} = \begin{pmatrix} R_a & 0 \\ 0 & R_a \end{pmatrix} \begin{pmatrix} i_\alpha \\ i_\beta \end{pmatrix} + \frac{d}{dt} \left\{ \begin{pmatrix} L_{s1}(\theta) & L_m(\theta) \\ L_m(\theta) & L_{s2}(\theta) \end{pmatrix} \begin{pmatrix} i_\alpha \\ i_\beta \end{pmatrix} \right\}$$
$$+ \begin{pmatrix} -\sqrt{\frac{3}{2}}\omega\Psi_{Pm}\sin\theta \\ \sqrt{\frac{3}{2}}\omega\Psi_{Pm}\cos\theta \end{pmatrix} \quad (4.41)$$

ここに，

$$L_{s1}(\theta) = L_0 + \frac{1}{2}L_1 - \frac{3}{2}L_1\cos 2\theta, \quad L_{s2}(\theta) = L_0 + \frac{1}{2}L_1 + \frac{3}{2}L_1\cos 2\theta,$$
$$L_m(\theta) = -\frac{3}{2}L_1\sin 2\theta \quad (4.42)$$

である．

4.3 同期機の dq 軸座標系表現とモデリング

三相交流の UVW 座標系から二相交流の $\alpha\beta$ 座標系に変換するおもな目的は，三相交流機の数学的冗長性をなくすこと，それによってトルク計算などの見通しをよ

くすることにあると述べた．さらに，二相交流への変換は，制御系設計をするための座標系変換における重要な中間プロセスの 1 つでもある．ここでは，同期モータの速度制御を行うための dq 軸座標系への変換について述べる．

図 4.12 には，座標系の説明をするために，二相交流機として表した同期機の代表として，同期リラクタンスモータを示している．固定子に配置された集中巻の二相コイルとその巻線軸 α, β を描いている．回転子は，磁極を帯びた向きとして，あるいはインダクタンスの極値をもつ方向の d 軸に加えて，それに垂直な q 軸をもつ形で表される．dq 軸から磁束分布を眺めると，時間高調波成分のない理想化された同期機を仮定しているので，静止して見えることになる．したがって，その場合のインダクタンスは一定値をもつ．

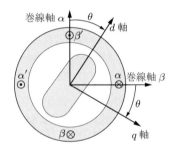

図 4.12　二相同期機の dq 軸座標変換

ところで，力学系における慣性座標系では物体が加速することは慣性力の発生を意味するが，非慣性座標系上では内部で静止している物体にも見かけの力が発生する．それに類似して，UVW 軸と $\alpha\beta$ 軸においては，磁界中でコイルが相対運動をしない限り速度に比例する起電力は発生せず，これは**真座標系** (true coordinate system) とよばれる．一方，同期モータの dq 軸においては座標系自身が磁界と同じ速度で回転しているので，磁界は静止して見える．それにもかかわらず，dq 軸における電機子コイルには回転子の速度に比例する起電力が生じる．まさに「見かけの速度起電力」といえるだろう．この座標系は**准座標系** (quasi coordinate system) とよばれる．このような座標系では，時間微分演算子に注意する必要があり，時間微分が座標変換行列を含む状態量，たとえば磁束鎖交数に作用しているときに注意を要する．また，dq 軸においては，磁気エネルギーの位置に関する偏微分を行ってトルクを得ることも，座標系の性質からできないことに注意する．

後述するように，同期モータにおいては界磁の永久磁石による速度起電力のみな

らず，インダクタンスの大きさに比例して発生する起電力が生じる．しかし，これは速度起電力であってリアクタンスによる電圧降下ではないという物理的な重要性から，本書では「見かけの速度起電力」とあえて呼称する．

なお，**数学的な偏角の正の方向はつねに反時計回りであるが，本書では回転子の回転の正の向きをすべて時計回りに設定していることにより，q 軸は d 軸よりも回転方向の進んだ位置になっている**ことに注意する．

また，比較のために直流モータにも簡単に言及しておく（図 4.13 参照）．直流モータには同期モータの dq 座標系表現との共通点があり，直流モータの電機子コイルが回転してコイル自体には交流電流が流れている．機器内部の交流電流は整流子片を通してブラシによって外部と接続され，その整流作用によって外部には直流電流としてエネルギーの変換が行われる．図において，d 軸が界磁極の方向，q 軸はそれに垂直な方向となり，電機子電流はつねに q 軸方向に起磁力を生じるので，つねに電流に比例したトルクが発生することがわかる．この dq 軸上では，電機子コイルが回転している現象が整流子とブラシの機能に埋もれてしまい，速度起電力の発生は見かけの現象になってしまうことは，まさに dq 軸で眺めた同期モータと同じであることがわかる．

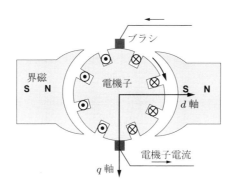

図 4.13 直流モータとの類似性

$\alpha\beta$ 軸から dq 軸への状態量の変換を考えよう．二相交流機の磁束鎖交数の列ベクトルを $\psi_2 = (\psi_\alpha, \psi_\beta)^T$，$dq$ 軸上の磁束鎖交数の列ベクトルを $\psi_{dq} = (\psi_d, \psi_q)^T$ とし，変換行列を C_{2dq} とおけば，

$$\psi_{dq} = C_{2dq}\psi_2 \tag{4.43}$$

と表される．先の図 4.12 を参考にして，変換行列は次式で与えられる．

$$C_{2dq} = \begin{pmatrix} \cos\theta & \sin\theta \\ -\sin\theta & \cos\theta \end{pmatrix} \tag{4.44}$$

一方，dq 軸から $\alpha\beta$ 軸への変換行列を C_{dq2} とおけば，次式が成り立つ.

$$C_{dq2} = C_{2dq}^{-1} = \begin{pmatrix} \cos\theta & -\sin\theta \\ \sin\theta & \cos\theta \end{pmatrix} \tag{4.45}$$

さて，二相交流同期機の $\alpha\beta$ 座標系における電圧方程式は，一般に次式で表される.

$$v_2 = R_2 i_2 + \frac{d(L_2 i_2)}{dt} + e_2 \tag{4.46}$$

ここに，v_2, i_2 は電機子電圧 [V] および電流列ベクトル [A]，R_2, L_2 は電機子抵抗行列 [Ω] およびインダクタンス行列 [H]，e_2 は速度起電力列ベクトル [V] である.

dq 軸上の電機子電圧・電流列ベクトルを v_{dq}, i_{dq} とする. 式 (4.46) に $v_2 = C_{dq2}v_{dq}, i_2 = C_{dq2}i_{dq}$ を代入すると，

$$\begin{aligned} v_{dq} = {} & C_{2dq}R_2 C_{dq2}i_{dq} + C_{2dq}\frac{dL_2}{dt}C_{dq2}i_{dq} + C_{2dq}L_2\frac{dC_{dq2}}{dt}i_{dq} \\ & + C_{2dq}L_2 C_{dq2}\frac{di_{dq}}{dt} + C_{2dq}e_2 \end{aligned} \tag{4.47}$$

が得られる. 右辺の第 2 項と第 3 項 $C_{2dq}(dL_2/dt)C_{dq2}i_{dq} + C_{2dq}(dC_{dq2}/dt)i_{dq}$ は，第 5 項と同様に，回転子上の座標系 dq 軸では本来見えることのない項である. 真座標の二相交流座標系からの座標変換によって表せるもので，最初から准座標の dq 軸で定式化していたとすれば現れないものである.

4.3.1　同期機の dq 軸電圧方程式とトルク

この節では，dq 軸における各モータの電圧方程式とトルクの定式化を行う.

[同期リラクタンスモータの電圧方程式とトルク]

式 (4.38) より，式 (4.47) の右辺第 2 項，第 3 項，および第 4 項を計算すると，

$$\begin{aligned} & C_{2dq}\frac{dL_2}{dt}C_{dq2}i_{dq} \\ & = \begin{pmatrix} \cos\theta & \sin\theta \\ -\sin\theta & \cos\theta \end{pmatrix}\begin{pmatrix} -3L_1\sin 2\theta\cdot\omega & 3L_1\cos 2\theta\cdot\omega \\ 3L_1\cos 2\theta\cdot\omega & 3L_1\sin 2\theta\cdot\omega \end{pmatrix}\begin{pmatrix} \cos\theta & -\sin\theta \\ \sin\theta & \cos\theta \end{pmatrix}i_{dq} \end{aligned}$$

$$= \begin{pmatrix} 0 & 3L_1 \\ 3L_1 & 0 \end{pmatrix} \omega i_{dq}$$

$$C_{2dq} L_2 \frac{dC_{dq2}}{dt} i_{dq}$$

$$= \begin{pmatrix} \cos\theta & \sin\theta \\ -\sin\theta & \cos\theta \end{pmatrix} \begin{pmatrix} L_0 + \frac{1}{2}L_1 + \frac{3}{2}L_1\cos 2\theta & \frac{3}{2}L_1\sin 2\theta \\ \frac{3}{2}L_1\sin 2\theta & L_0 + \frac{1}{2}L_1 - \frac{3}{2}L_1\cos 2\theta \end{pmatrix}$$

$$\cdot \begin{pmatrix} -\sin\theta \cdot \omega & -\cos\theta \cdot \omega \\ \cos\theta \cdot \omega & -\sin\theta \cdot \omega \end{pmatrix} i_{dq}$$

$$= \begin{pmatrix} 0 & -L_0 - 2L_1 \\ L_0 - L_1 & 0 \end{pmatrix} \omega i_{dq}$$

$$C_{2dq} L_2 C_{dq2} \frac{di_{dq}}{dt}$$

$$= \begin{pmatrix} \cos\theta & \sin\theta \\ -\sin\theta & \cos\theta \end{pmatrix} \begin{pmatrix} L_0 + \frac{1}{2}L_1 + \frac{3}{2}L_1\cos 2\theta & \frac{3}{2}L_1\sin 2\theta \\ \frac{3}{2}L_1\sin 2\theta & L_0 + \frac{1}{2}L_1 - \frac{3}{2}L_1\cos 2\theta \end{pmatrix}$$

$$\cdot \begin{pmatrix} \cos\theta & -\sin\theta \\ \sin\theta & \cos\theta \end{pmatrix} \frac{di_{dq}}{dt}$$

$$= \begin{pmatrix} L_0 + 2L_1 & 0 \\ 0 & L_0 - L_1 \end{pmatrix} \frac{di_{dq}}{dt}$$

となるので，電圧方程式として

$$v_d = R_a i_d + L_d \frac{di_d}{dt} - x_q i_q, \quad v_q = R_a i_q + L_q \frac{di_q}{dt} + x_d i_d \qquad (4.48)$$

が得られる．ここに，それぞれのインダクタンスは次式で表される．

$$L_d = L_0 + 2L_1, \quad L_q = L_0 - L_1$$

また，すでに 4.1.1 項の式 (4.12) で述べたように，漏れインダクタンス l [H]，有効自己インダクタンスの最大値 $L_{\max}$ [H]，そして最小値 $L_{\min}$ [H] を用いて，L_0 と L_1 は

$$L_0 = l + \frac{L_{\max} + L_{\min}}{2}, \quad L_1 = \frac{L_{\max} - L_{\min}}{2}$$

と表された．

　$x_d = \omega L_d$ [Ω]，$x_q = \omega L_q$ [Ω] はそれぞれ d 軸と q 軸の同期リアクタンスとよぶが，この場合は有効なパワーをつくることに注意する．通常の回路で登場するリア

クタンスは無効なパワーしかつくらないが，この電圧方程式においてはリアクタンスのつくる電圧降下はそれぞれの電流と同相になっており，両辺に各電機子電流を乗じると，

$$v_d i_d = R_a i_d^2 + \frac{d}{dt}\left(\frac{1}{2}L_d i_d^2\right) - x_q i_d i_q, \quad v_q i_q = R_a i_q^2 + \frac{d}{dt}\left(\frac{1}{2}L_q i_q^2\right) + x_d i_d i_q$$

となる．すなわち，それぞれの式の右辺第 2 項は無効なパワーであるが，第 3 項はリアクタンスが含まれるにもかかわらず有効なパワーをつくっている．電圧方程式における $x_q i_q\,[\text{V}]$ と $x_d i_d\,[\text{V}]$ は電流と位相差が $\pi/2\,\text{rad}$ だけずれた電圧降下ではなく，回転子の角速度 $\omega_m\;(=\omega/p)\,[\text{rad/s}]$ に比例して，dq 軸相互間の時間的な位相差 $\pi/2\,\text{rad}$ で互いの軸に電流と同相に生じる「見かけの速度起電力」によるものであり，有効なパワーであることに注意する．実際，このパワーから発生トルクの式を得ることができることも後述する．

　dq 軸上で制御系を構成する場合は，エンコーダ，レゾルバ，あるいは位置推定手法を適用して，回転子の変位をとらえて座標系を設定する．このため，電機子電流 (i_d, i_q)，あるいはその従属変数としての磁束鎖交数を用いてトルクを表現したい．本来，トルクの式は，磁気エネルギーあるいは磁気随伴エネルギーの回転子変位に関する偏微分によって得られる．しかし，dq 軸上におけるエネルギー表現に回転子の変位は現れない，すなわち dq 軸は准座標であることから，トルクの導出は真座標である $\alpha\beta$ 軸（あるいは UVW 軸）での式を変形することで導かれなければならない．

　式 (4.14) より，$\alpha\beta$ 軸における磁気随伴エネルギーは次式で与えられた．

$$W_m'(i_2, \theta) = \frac{1}{2}i_2^T L_2(\theta) i_2$$

トルク $T\,[\text{Nm}]$ は，機械角 $\theta_m\,[\text{rad}]$ に関して偏微分を行うことになり，極対数 p を用いて，

$$
\begin{aligned}
T &= \frac{\partial W_m'(i_2, \theta_m)}{\partial \theta_m} = \frac{p}{2}i_{dq}^T C_{2dq}\frac{dL_2(\theta)}{d\theta}C_{dq2}i_{dq} \\
&= \frac{p}{2}i_{dq}^T \begin{pmatrix} \cos\theta & \sin\theta \\ -\sin\theta & \cos\theta \end{pmatrix}\begin{pmatrix} -3L_1\sin 2\theta & 3L_1\cos 2\theta \\ 3L_1\cos 2\theta & 3L_1\sin 2\theta \end{pmatrix}\begin{pmatrix} \cos\theta & -\sin\theta \\ \sin\theta & \cos\theta \end{pmatrix}i_{dq} \\
&= 3pL_1 i_d i_q = p(L_d - L_q)i_d i_q
\end{aligned}
\tag{4.49}
$$

と表される．$L_d > L_q$ であることから，いま電機子電流 i_d を正の値と設定すれば，トルクの正負は i_q によって決定されることになり都合がよい．すなわち，同期リ

ラクタンスモータにおいては $i_d > 0$ として制御することが合理的である.

　電圧方程式 (4.48) の両辺に, 再びそれぞれの電機子電流を乗じて, dq 軸上の各軸における同期リアクタンスがつくる d 軸と q 軸のパワー p_{ad} [W] と p_{aq} [W] が次式で表される.

$$p_{ad} = -x_q i_d i_q, \quad p_{aq} = x_d i_d i_q \tag{4.50}$$

いま, パワーの和を p_a [W] とおけば,

$$p_a = p_{ad} + p_{aq} = x_d i_d i_q - x_q i_d i_q = \omega(L_d - L_q)i_d i_q \tag{4.51}$$

となる. 同期リアクタンスモータにおいては $L_d > L_q$ となるので, 通常の正転運転を表す $i_d > 0, i_q > 0$ の場合, 電源から供給されるパワーのうち $\omega L_d i_d i_q$ ($= x_d i_d i_q$) [W] が q 軸において力学的パワーに変換される. それに対して, 比較的小さな割合のパワー $\omega L_q i_d i_q$ ($= x_q i_d i_q$) [W] が d 軸から電源に回生されていると見ることもできる.

　ここで, ω [rad/s] は電気角による角速度であり, **電気角速度** (electrical angular speed) とよぶ. 機械角に関する角速度 ω_m [rad/s] は**機械角速度** (mechanical angular speed) とよんで区別し,

$$\omega = p\omega_m$$

の関係がある. 力学的パワーを機械角速度で割るとトルクとなるので, 式 (4.51) より,

$$\frac{p_a}{\omega_m} = p(L_d - L_q)i_d i_q \quad [\text{Nm}] \tag{4.52}$$

となり, 式 (4.49) と同一の発生トルクの式が得られたわけである.

[同期リアクタンスモータの力率角の定式化]

　モータの運転性能としては, 制御系のダイナミクスに関する過渡応答特性と定常特性のみならず, 電気機器としての効率や力率も重要である. 力率は, 同じ大きさの電圧と電流のときに, その回路における仕事がどの程度行われているかを示す指標であり, 力率の高いシステムは, 流れている電流を有効に使うシステムであることを意味する.

　同期モータにおいては, 電圧と電流の位相差は d 軸電流と q 軸電流の比を変えることで調整できる. これについて詳細な検討を行うことにしよう.

　電圧に対する電流の位相差という特性量は, 交流における特性量である. ここで

は，三相交流よりも記述の簡素な二相交流における電圧・電流について見ることにしよう．二相交流の $\alpha\beta$ 軸における電機子電圧と dq 軸の電機子電圧の関係は次式により与えられた．

$$\begin{pmatrix} v_\alpha \\ v_\beta \end{pmatrix} = \begin{pmatrix} \cos\omega t & -\sin\omega t \\ \sin\omega t & \cos\omega t \end{pmatrix} \begin{pmatrix} v_d \\ v_q \end{pmatrix}$$

いま，位相の関係を見るために α 相の電圧 v_α に着目し，フェーザ表示の電圧 $\dot{V}_\alpha$ を次式で定義する．

$$v_\alpha = \mathrm{Re}\{\sqrt{2}\dot{V}_\alpha e^{j\omega t}\}$$

ここに，Re は実数部をとることを示す．

このとき，

$$v_\alpha = v_d \cos\omega t - v_q \sin\omega t = v_d \cos\omega t + v_q \cos\left(\omega t + \frac{\pi}{2}\right)$$

となる．さらに，dq 軸上の状態量は α 相の交流とは異なり，直流であることに注意し，便宜上の係数 $\sqrt{2}$ を用いて，

$$v_d = \sqrt{2}V_d, \quad v_q = \sqrt{2}V_q, \quad i_d = \sqrt{2}I_d, \quad i_q = \sqrt{2}I_q \tag{4.53}$$

の関係式を定義すれば，

$$v_\alpha = \mathrm{Re}\{\sqrt{2}(V_d + jV_q)e^{j\omega t}\} \tag{4.54}$$

が得られる．したがって，複素数量 $\dot{V}_\alpha$ が V_d と V_q の線形和として表せて，電機子電流についても同様に関係式を得ることができ，

$$\dot{V}_\alpha = V_d + jV_q, \quad \dot{I}_\alpha = I_d + jI_q \tag{4.55}$$

のようになる．したがって，dq 軸を基準に，二相交流 $\alpha\beta$ 軸における電圧と電流の位相関係を議論できることになる．

系の定常状態での電圧・電流の位相関係を見ることが目的であるので，同期リラクタンスモータの電圧方程式における時間微分の項を 0 とおく．すると，

$$v_d = R_a i_d - x_q i_q = \sqrt{2}(R_a I_d - x_q I_q)$$
$$v_q = R_a i_q + x_d i_d = \sqrt{2}(R_a I_q + x_d I_d)$$

と書けるので，

$$\dot{V}_\alpha = V_d + jV_q = R_a I_d - x_q I_q + jR_a I_q + jx_d I_d \tag{4.56}$$

と表されることがわかる.

すなわち, dq 軸上の電圧・電流がフェーザ表示の α 相の電圧・電流と複素平面で直接的な関係として結びつけられたので, この関係を図 4.14 に示す. 図には, $\dot{V}_\alpha = V_d + jV_q$ の関係, および dq 軸が複素平面で回転していることを示している. ただし, 回転している電圧フェーザ $\dot{V}_\alpha, V_d$, および V_q に乗ずべき $e^{j\omega t}$ を図の見やすさの関係で省略している. この回転する dq 軸座標系上で眺めると, 以下に示すように電圧・電流のフェーザは静止して描かれることになる.

フェーザ表示の電圧方程式を図に表すと, 同期リラクタンスモータにおいては $i_d > 0$ とすることに注意して, 式 (4.56) が図 4.15 のように表される. 図中の角度 β [rad] は電機子電流の dq 軸への配分を示しており, $i_d = i_q \tan\beta$ と定義し, ϕ [rad] は力率角である.

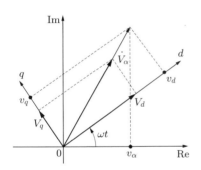

図 4.14 dq 軸と複素平面との関係

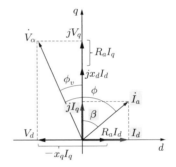

図 4.15 同期リラクタンスモータの dq 軸電圧・電流フェーザ図 ($i_d > 0$)

力率角は, フェーザ図から

$$\phi = \beta + \tan^{-1}\frac{x_q I_q - R_a I_d}{x_d I_d + R_a I_q} = \beta + \phi_v \tag{4.57}$$

によって求められる. ここに,

$$\phi_v = \tan^{-1}\frac{x_q I_q - R_a I_d}{x_d I_d + R_a I_q}$$

である. 以下の数値例を代入して, 図 4.16(a) に力率にかかわる偏角を, 同図 (b) に力率 $\cos\phi$ のグラフを示す.

（数値例） $L_d = 30\,\mathrm{mH}, \quad L_q = 10\,\mathrm{mH}, \quad R_a = 1\,\Omega,$
$\omega = 157.1\,\mathrm{rad/s}\ (= 1500\,\mathrm{rpm}), \quad p = 1$

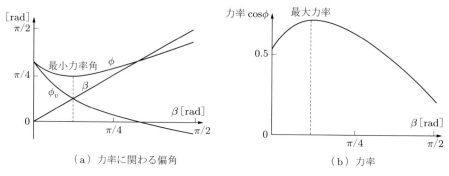

図 4.16　同期リラクタンスモータの電流の位相 β に対する各偏角と力率の変化

　この数値例は，第 5 章の制御系数値シミュレーションにおいても用いる．ただし，速度が比較的に高速 (1500 rpm) におけるフェーザ図を描いているが，低速の状態においては $\dot{V}_\alpha$ の実数成分 $R_a I_d - x_q I_q$ は符号が反転して正の値となり，電流 $\dot{I}_\alpha$ と同一の第 1 象限に位置するので注意する．

　グラフの横軸は $\beta = \tan^{-1}(i_d/i_q)\,[\mathrm{rad}]$ であり，同図 (a) において，力率角を構成する式 (4.57) の右辺第 1 項の β と第 2 項の偏角 ϕ_v，および力率角 ϕ のグラフを示している．β はもちろん比例して増加する一方，ϕ_v は β の小さい領域で指数関数的に減少するので，力率角の最小値は β の小さい領域で現れる．計算の結果，$\beta \cong 0.38\,\mathrm{rad}$ のときに力率角 ϕ は最小となっている．これは，$\beta \cong \phi_v$ が成り立つ点の近傍となっている．しかし，力率角 ϕ の最小値は 0 にはならず，これが同期リラクタンスモータの特徴の 1 つである．同図 (b) には力率 $\cos\phi$ の変化を示すが，力率が比較的良好となるのは β の小さい領域，すなわち d 軸の電流が小さいときである．したがって，少なくとも速度が比較的大きい領域では，同一のトルクを出す場合には i_d を小さく，i_q を大きくすればよいであろう．ただし，$\beta = 0$ においては $i_d = 0$，そして $\beta = \pi/2$ においては $i_q = 0$ となり，いずれの場合もトルクは 0 となることに注意する．

　力率角の関数の性質からその最小値，すなわち力率の最大値は β の小さい領域で現れることがわかったが，これを近似式で確認してみよう．偏角 β と ϕ_v はともに小さいので，$\tan x \cong x$ が成り立つとして，式 (4.57) は，

$$\phi = \beta + \tan^{-1}\frac{x_q - R_a \tan\beta}{x_d \tan\beta + R_a} \cong \beta + \frac{x_q - R_a\beta}{x_d\beta + R_a} \tag{4.58}$$

となる．この式を β に関して微分し，

$$\frac{d\phi}{d\beta} \cong \frac{x_d\beta^2 + 2R_a\beta - x_q}{(x_d\beta + R_a)^2} = 0 \tag{4.59}$$

とおき，2つの解のうち正の値を採用すると，力率角 ϕ の最小値は，

$$\beta \cong \frac{-R_a + \sqrt{R_a^2 + x_dx_q}}{x_d} \tag{4.60}$$

のときに生じる．数値例を代入すると $\beta = 0.365\,\mathrm{rad}$ を得ることができ，これは上記のグラフの結果とほぼ等しい値となった．

[SPM モータの電圧方程式とトルク]

次に，SPM モータについて，dq 軸における電圧方程式とトルクの式を導く．式 (4.47) の右辺第 2 項はまず 0 となるが，式 (4.40) より第 3 項と第 4 項を計算すると，

$$C_{2dq}L_2\frac{dC_{dq2}}{dt}i_{dq} = \begin{pmatrix} \cos\theta & \sin\theta \\ -\sin\theta & \cos\theta \end{pmatrix} \begin{pmatrix} L_s & 0 \\ 0 & L_s \end{pmatrix} \begin{pmatrix} -\sin\theta\cdot\omega & -\cos\theta\cdot\omega \\ \cos\theta\cdot\omega & -\sin\theta\cdot\omega \end{pmatrix} i_{dq}$$

$$= \begin{pmatrix} 0 & -L_s \\ L_s & 0 \end{pmatrix} \omega i_{dq}$$

$$C_{2dq}L_2C_{dq2}\frac{di_{dq}}{dt} = \begin{pmatrix} \cos\theta & \sin\theta \\ -\sin\theta & \cos\theta \end{pmatrix} \begin{pmatrix} L_s & 0 \\ 0 & L_s \end{pmatrix} \begin{pmatrix} \cos\theta & -\sin\theta \\ \sin\theta & \cos\theta \end{pmatrix} \frac{di_{dq}}{dt}$$

$$= \begin{pmatrix} L_s & 0 \\ 0 & L_s \end{pmatrix} \frac{di_{dq}}{dt}$$

となるので，電圧方程式として

$$v_d = R_ai_d + L_s\frac{di_d}{dt} - x_si_q, \quad v_q = R_ai_q + L_s\frac{di_q}{dt} + x_si_d + E_q \tag{4.61}$$

が得られる．ここに，SPM モータの同期リアクタンス $x_s = \omega L_s$ が定義される．また，第 2 式右辺の第 4 項 E_q は永久磁石のつくる速度起電力であり，これも dq 軸においては見かけの速度起電力である．ここに，

$$L_s = l + L_1, \quad E_q = K_E\omega_m$$

である．K_E は誘起電圧定数であり，

$$K_E = \sqrt{\frac{3}{2}}p\Psi_{Pm}$$

と表される．

式 (4.21) において，$\alpha\beta$ 軸の電機子電流に仮想的な永久磁石回路電流 i_P を加えて列ベクトル i_{2P} を定義し，表 4.1 の一般化した磁気随伴エネルギーによりトルクを式 (4.25) のように求めた．ここでは，先に求めた式 (4.21) の表現に座標変換を施して，dq 軸におけるトルクの式を求める．いま，dq 軸の電機子電流に i_P を加えた電流列ベクトルを $i_{dqP}^T = (i_d, i_q, i_P)^T$ とする．$\alpha\beta$ 軸から dq 軸への変換行列を C_{2dP}，そして dq 軸から $\alpha\beta$ 軸への変換行列を C_{d2P} とすれば，これらは以下のように与えられる．

$$C_{2dP} = \begin{pmatrix} \cos\theta & \sin\theta & 0 \\ -\sin\theta & \cos\theta & 0 \\ 0 & 0 & 1 \end{pmatrix} \tag{4.62}$$

$$C_{d2P} = C_{2dP}^{-1} = \begin{pmatrix} \cos\theta & -\sin\theta & 0 \\ \sin\theta & \cos\theta & 0 \\ 0 & 0 & 1 \end{pmatrix} \tag{4.63}$$

トルクは真座標系で求めて，それを准座標系の dq 軸の電流で表すことになるが，真座標系の $\alpha\beta$ 軸の磁気随伴エネルギーは式 (4.23) より，

$$W_m'(i_{2P}, \theta) = \frac{1}{2} i_{2P}^T L_{2P}(\theta) i_{2P} \tag{4.64}$$

である．したがって，トルクは，機械角 θ_m [rad] に関して偏微分を行い，dq 軸の電流に書きかえると，

$$\begin{aligned} T = \frac{\partial W_m'}{\partial \theta_m} &= \frac{1}{2} i_{dqP}^T C_{d2P}^T \frac{dL_{2P}}{d\theta_m} C_{d2P} i_{dqP} \\ &= p M_{2Pm} i_P i_q = \sqrt{\frac{3}{2}} p \Psi_{Pm} i_q \\ &= K_T i_q \end{aligned} \tag{4.65}$$

となる．ここに，p は極対数，係数 $K_T = \sqrt{3/2}\, p\Psi_{Pm}$ は設計で決まるトルク定数であり，行列 L_{2P} は式 (4.22) に示した．

上式は，トルクは q 軸の電流 i_q のみで決まることを表している．ゆえに，i_d によるジュール損をなくすために通常は $i_d = 0$ でよいことになる．一方で，式 (4.61) における q 軸の電圧方程式の定常状態を想定し，角速度を求めると，

$$\omega_m = \frac{1}{K_E}(v_q - R_a i_q - x_s i_d) \tag{4.66}$$

となる．これは，最大の速度は電源電圧の q 軸成分 v_q [V] の大きさで制限される

ことを表していて，$i_d < 0$ とすることにより，速度を上げられることがわかる．すなわち，電源電圧が最大となる基底速度までは $i_d = 0$ とし，それ以降の領域では $i_d < 0$ として速度を上げることができる．基底速度において定格パワーに達しているとすれば，それ以上の速度領域ではトルクは速度に反比例して下げ，出力パワーを一定値に抑える必要がある．直流モータにならって，このような運転を**弱め界磁制御** (flux-weakening control) とよぶ．

さて，SPM モータの電圧方程式 (4.61) についても，同期リラクタンスモータと同様に，角速度と電機子電流に比例する電圧降下に関し，d 軸のパワー p_{ad} [W] と q 軸の p_{aq} [W] の式を見てみよう．

$$p_{ad} = -\omega L_s i_d i_q = -x_s i_d i_q, \quad p_{aq} = \omega L_s i_d i_q + E_q i_q = x_s i_d i_q + E_q i_q$$

これもやはり有効なパワーをつくっており，それらの有効パワーの和 p_a [W] が，

$$p_a = \omega L_s i_d i_q - \omega L_s i_d i_q + E_q i_q = E_q i_q$$

となる．SPM モータの電機子電流は，正回転の通常運転の場合，d 軸電流を 0 とするか，あるいは弱め界磁のために負の値にするので，$i_d \leq 0, i_q > 0$ と表される．その場合，電源から送られる電気的なパワーは，d 軸で力学的なパワー $-x_s i_d i_q \geq 0$ [W] に変換されるが，同時に q 軸で同じ大きさのパワー $x_s i_d i_q \leq 0$ [W] が消費される．すなわち $-x_s i_d i_q > 0$ [W] が電源に回生され，結局これらのパワーの合計は 0 となる．つまり，それぞれは有効なパワーでありながら，合計としてみれば無効なパワーとなっている．

また，q 軸の速度起電力 E_q [V] も同様に dq 軸上では見かけの速度起電力であるが，それも角速度に比例する量であるから有効なパワー $E_q i_q$ [W] をつくる．これを機械角速度 $\omega_m = d\theta_m/dt$ [rad/s] で割ると，得られるトルクは

$$\frac{p_a}{\omega_m} = K_T i_q \quad [\text{Nm}] \tag{4.67}$$

となって，当然，式 (4.65) と同じ式になる．

[SPM モータの力率角の定式化]

SPM モータの力率について検討するために，電圧方程式のフェーザ表現を求める．式 (4.53) と式 (4.55) を式 (4.61) に代入して，

$$\dot{V}_\alpha = V_d + jV_q = R_a I_d - x_s I_q + jR_a I_q + jx_s I_d + jE$$

を得る．ただし，

$$E_q = \sqrt{2}E$$

とおいた．

　フェーザ図を図 4.17 に示す．SPM モータにおいては上記のように $i_d \leq 0$ とすることに注意する．

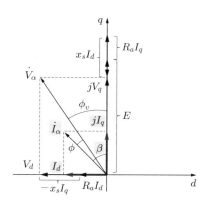

図 4.17　SPM モータの dq 軸電圧・電流フェーザ図 $(i_d \leq 0)$

　フェーザ図において，$\dot{V}_\alpha$ と $\dot{I}_\alpha$ が同じ向きになれば $\phi = 0$ となって，力率は $\cos\phi = 1$ になる．そのための条件として，図から

$$\frac{V_q}{V_d} = \frac{I_q}{I_d} \tag{4.68}$$

が成立する必要がある．すなわち，

$$\frac{R_a I_q + x_s I_d + E}{R_a I_d - x_s I_q} = \frac{I_q}{I_d}$$

が成り立つ．式を変形して，

$$x_s I_d^2 + E I_d + x_s I_q^2 = 0$$

が成り立つときに力率は 1 となり，この解として

$$I_d = \frac{1}{2x_s}\left(-E \pm \sqrt{E^2 - 4x_s^2 I_q^2}\right) \tag{4.69}$$

が得られる．根号の値は E よりも小さいので，$I_d \leq 0$ をみたす 2 つの解があることになる．

　なお，$E = 0$ のときは虚数解となってしまうので，起電力 E をもつことのない同期リラクタンスモータにおいては，決して力率が 1 の運転はできないこともわ

かる.

次に,力率角をフェーザ図から求めてみよう.図 4.17 から,

$$\phi = \beta - \phi_v \tag{4.70}$$

となる.ただし,

$$\phi_v = \tan^{-1} \frac{R_a I_q \tan\beta + x_s I_q}{R_a I_q - x_s I_q \tan\beta + E} = \tan^{-1} \frac{R_a \tan\beta + x_s}{R_a - x_s \tan\beta + E/I_q} \tag{4.71}$$

である.そこで,以下の数値例を代入して,図 4.18(a) に力率にかかわる偏角を,同図 (b) に力率 $\cos\phi$ のグラフを示す.

(数値例) $L_s = 10\,\text{mH},\quad R_a = 1\,\Omega,\quad \omega = 157.1\,\text{rad/s}\ (= 1500\,\text{rpm}),$
$\qquad\quad E = pK_E\omega = 157.1\,\text{V},\quad I_q = 30\,\text{A}$(負荷トルク $T_L = 42.4\,\text{Nm}$),
$\qquad\quad p = 1$

グラフの横軸は $\beta = \tan^{-1}(-i_d/i_q)\,[\text{rad}]$ であり,同図 (a) において,力率角を構成する式 (4.70) の右辺第 1 項の β と第 2 項の偏角 ϕ_v,および力率角 ϕ を示している.同期リラクタンスモータの場合と大きく異なる特徴は,β と ϕ_v がともに単調増加の関数となっており,そのために ϕ の最大値は図に示す範囲で約 0.32 rad にしか達していない.このために,SPM モータの力率は広い領域にわたって高く,同図 (b) に示すように高い値を保持している.力率が 1 となる条件を,前述の I_d の式を用いて計算してみると,$I_d = -9.99, -90\,\text{A}$,そして,それぞれの β を求めると,0.322 rad と 1.249 rad を得る.これを図中に破線で示している.

ϕ_v が単調増加の関数となることで高い力率が得られる数式上の理由が,上記 ϕ_v の式の分母にある速度起電力 E にあることは明らかである.ただ,注意すべきは,

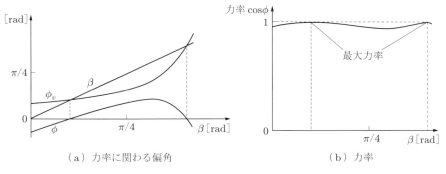

（a）力率に関わる偏角 　　　（b）力率

図 4.18 SPM モータの電流の位相 β に対する各偏角と力率の変化

β を図の範囲よりさらに増加させて約 $1.32\,\mathrm{rad}$ に達すると，$\tan^{-1}$ の引数の分母は 0 となり，この近傍では力率が極めて悪化することである．

[IPM モータの電圧方程式とトルク]

最後に，IPM モータについて，dq 軸における電圧方程式とトルクの式を導く．式 (4.41) より，式 (4.47) の右辺第 2 項，第 3 項，および第 4 項を計算すると，

$$C_{2dq}\frac{dL_2}{dt}C_{dq2}i_{dq}$$
$$=\begin{pmatrix} \cos\theta & \sin\theta \\ -\sin\theta & \cos\theta \end{pmatrix}\begin{pmatrix} 3L_1\sin 2\theta\cdot\omega & -3L_1\cos 2\theta\cdot\omega \\ -3L_1\cos 2\theta\cdot\omega & -3L_1\sin 2\theta\cdot\omega \end{pmatrix}\begin{pmatrix} \cos\theta & -\sin\theta \\ \sin\theta & \cos\theta \end{pmatrix}i_{dq}$$
$$=\begin{pmatrix} 0 & -3L_1 \\ -3L_1 & 0 \end{pmatrix}\omega i_{dq}$$

$$C_{2dq}L_2\frac{dC_{dq2}}{dt}i_{dq}$$
$$=\begin{pmatrix} \cos\theta & \sin\theta \\ -\sin\theta & \cos\theta \end{pmatrix}\begin{pmatrix} L_0+\frac{1}{2}L_1-\frac{3}{2}L_1\cos 2\theta & -\frac{3}{2}L_1\sin 2\theta \\ -\frac{3}{2}L_1\sin 2\theta & L_0+\frac{1}{2}L_1+\frac{3}{2}L_1\cos 2\theta \end{pmatrix}$$
$$\cdot\begin{pmatrix} -\sin\theta\cdot\omega & -\cos\theta\cdot\omega \\ \cos\theta\cdot\omega & -\sin\theta\cdot\omega \end{pmatrix}i_{dq}$$
$$=\begin{pmatrix} 0 & -L_0+L_1 \\ L_0+2L_1 & 0 \end{pmatrix}\omega i_{dq}$$

$$C_{2dq}L_2C_{dq2}\frac{di_{dq}}{dt}$$
$$=\begin{pmatrix} \cos\theta & \sin\theta \\ -\sin\theta & \cos\theta \end{pmatrix}\begin{pmatrix} L_0+\frac{1}{2}L_1-\frac{3}{2}L_1\cos 2\theta & -\frac{3}{2}L_1\sin 2\theta \\ -\frac{3}{2}L_1\sin 2\theta & L_0+\frac{1}{2}L_1+\frac{3}{2}L_1\cos 2\theta \end{pmatrix}$$
$$\cdot\begin{pmatrix} \cos\theta & -\sin\theta \\ \sin\theta & \cos\theta \end{pmatrix}\frac{di_{dq}}{dt}$$
$$=\begin{pmatrix} L_0-L_1 & 0 \\ 0 & L_0+2L_1 \end{pmatrix}\frac{di_{dq}}{dt}$$

となるので，電圧方程式として

$$v_d=R_a i_d+L_d\frac{di_d}{dt}-x_q i_q,\quad v_q=R_a i_q+L_q\frac{di_q}{dt}+x_d i_d+E_q \tag{4.72}$$

を得る．ここで，電圧と電流の列ベクトルをそれぞれ，$v_{dq} = (v_d, v_q)^T$, $i_{dq} = (i_d, i_q)^T$ とおいて，電圧方程式を列ベクトル形式に書き直すと，次式となる．

$$v_{dq} = R_{dq}i_{dq} + L_{dq}\frac{di_{dq}}{dt} + \Gamma\omega L_{dq}i_{dq} + e_{dq} \tag{4.73}$$

ここに，

$$R_{dq} = \begin{pmatrix} R_a & 0 \\ 0 & R_a \end{pmatrix}, \quad L_{dq} = \begin{pmatrix} L_d & 0 \\ 0 & L_q \end{pmatrix}, \quad \Gamma = \begin{pmatrix} 0 & -1 \\ 1 & 0 \end{pmatrix}, \quad e_{dq} = \begin{pmatrix} 0 \\ E_q \end{pmatrix}$$

である．また，dq 軸のインダクタンス L_d と L_q の式の内容が，以下のように同期リラクタンスモータとは入れ替わった形となり，IPM モータの逆突極性を表している．

$$L_d = L_0 - L_1, \quad L_q = L_0 + 2L_1, \quad E_q = K_E\omega_m$$

L_0 と L_1 の定義については，同期リラクタンスモータの場合（式 (4.12)）と同じである．

式 (4.30) において，$\alpha\beta$ 軸の電機子電流に仮想的な永久磁石回路電流 i_P を加えて列ベクトル i_{2P} を定義し，それを用いて表 4.1 の一般化した磁気随伴エネルギーによりトルクを式 (4.33) のように求めた．ここでは，先に求めた式 (4.30) の表現に座標変換を施して，dq 軸におけるトルクの式を求める．真座標系としての $\alpha\beta$ 軸の IPM モータにおいて，$\alpha\beta$ 電機子コイルに永久磁石の仮想の電気端子対を加えた，合計 3 つの電気端子対から見た自己インダクタンスの式 (4.31) を改めて以下に示す．

$$L_{2P} = \begin{pmatrix} L_{s1}(\theta) & L_m(\theta) & M_{2Pm}\cos\theta \\ L_m(\theta) & L_{s2}(\theta) & M_{2Pm}\sin\theta \\ M_{2Pm}\cos\theta & M_{2Pm}\sin\theta & L_P \end{pmatrix}$$

ここに，

$$L_{s1}(\theta) = L_0 + \frac{1}{2}L_1 - \frac{3}{2}L_1\cos 2\theta, \quad L_{s2}(\theta) = L_0 + \frac{1}{2}L_1 + \frac{3}{2}L_1\cos 2\theta,$$
$$L_m(\theta) = -\frac{3}{2}L_1\sin 2\theta$$

である．したがって，トルクは機械角 θ_m [rad] に関して磁気随伴エネルギーの偏微分を行い，dq 軸の電機子電流 i_d と i_q を用いて表すと，

$$T = \frac{\partial W_m'}{\partial\theta_m} = \frac{1}{2}i_{dqP}^T C_{d2P}^T \frac{dL_{2P}}{d\theta_m}C_{d2P}i_{dqP} = -3pL_1 i_d i_q + pM_{2Pm}i_P i_q$$

$$= p(L_d - L_q)i_d i_q + K_T i_q \tag{4.74}$$

となる．ここに，p は極対数である．

　IPM モータは $L_d < L_q$ となるので，$i_q > 0$ によってマグネットトルクと同じ方向のトルク T [Nm] を発生させるためには，リラクタンストルクのトルク係数を正の値とする必要があり，つねに $i_d < 0$ と設定されることになる．

　さて，式 (4.73) について，各電機子電流をそれぞれの式に乗じて，速度 ω に比例する起電力，すなわち見かけの速度起電力がつくるパワーの関係式を見てみる．

$$p_{ad} = -x_q i_d i_q, \quad p_{aq} = x_d i_d i_q + E_q i_q$$

この式は，同期リラクタンスモータと SPM モータを合わせたような形となる．トルクと速度がともに正の値となる通常の運転モードにおいては，$i_d < 0, i_q > 0$ となる．したがって，d 軸で $x_q i_d i_q > 0$ が力学的パワーに変換され，q 軸においてはそれよりも小さなパワーであるが，$x_d i_d i_q < 0$ となって，電源へのパワーの回生が行われると見ることもできる．$E_q i_q$ [W] は i_q のみで行われる力学的パワーへの変換となっている．これらの有効パワーの和 p_a [W] を求めると，

$$p_a = \omega(L_d - L_q)i_d i_q + E_q i_q$$

となる．これを機械角速度 $\omega_m = d\theta_m/dt$ [rad/s] で割ると，その結果はトルクを表すことになり，

$$\frac{p_a}{\omega_m} = p(L_d - L_q)i_d i_q + K_T i_q \quad [\text{Nm}] \tag{4.75}$$

となって，式 (4.74) と同じトルクの公式を得ることができる．

[IPM モータの力率角の定式化]

　フェーザ図を図 4.19 に示す．IPM モータにおいては，トルク定数を正の値にしないといけないという拘束条件により，つねに $i_d < 0$ としなければならないことを述べた．したがって，フェーザ図は IPM モータの突極性以外は SPM モータと同様になり，力率を $\cos\phi = 1$ とするためには SPM モータと同様の条件

$$\frac{R_a I_q + x_d I_d + E}{R_a I_d - x_q I_q} = \frac{I_q}{I_d}$$

が成立しなければならない．これにより，

$$I_d = \frac{1}{2x_d}\left(-E \pm \sqrt{E^2 - 4x_d x_q I_q^2}\right) \tag{4.76}$$

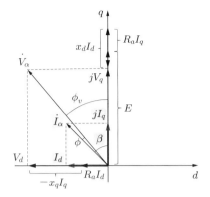

図 4.19 IPM モータの dq 軸電圧・電流フェーザ図 $(i_d < 0)$

によって d 軸の電流 i_d を決定することで，力率 1 の運転が可能となる．しかし，IPM モータの場合はトルクがマグネットトルクとリラクタンストルクの和になっていることから，SPM モータと異なって負荷トルク T_L の大きさを与えても，式 (4.74) からわかるように，電機子電流 I_q は決まらない．

IPM モータにおいては，出力すべきトルクが決まっても，マグネットトルクとリラクタンストルクの 2 つの要素があるために，i_d と i_q の関係が定まるだけであり，さらにもう 1 つの条件を定める必要がある．以下に，数値例を代入してこの問題について具体的な検討を行おう．

（数値例）　$L_d = 10\,\mathrm{mH}$，　$L_q = 30\,\mathrm{mH}$，　$R_a = 1\,\Omega$，

$\omega = 157.1\,\mathrm{rad/s}\ (= 1500\,\mathrm{rpm})$，　$E = pK_E\omega = 157.1\,\mathrm{V}$，

$T_L = 30\,\mathrm{Nm}$，　$p = 1$

ここで，トルクの値を求める電流は (I_d, I_q) ではなく (i_d, i_q) を用いることに注意して，式 (4.74) より i_d と i_q の関係が次式で与えられる．

$$i_d = -\frac{T_L}{p(L_q - L_d)} \cdot \frac{1}{i_q} + \frac{K_T}{p(L_q - L_d)}$$

なお，電流 i_d, i_q, I_d，および I_q の関係については，式 (4.53) に述べたとおりである．この関係式は図 4.20 のグラフで与えられる．負荷トルクが与えられると図のような曲線が得られることになる．この曲線のどこに動作点を設定するかによって力率が変化することになる．図中に示す偏角 $\beta\,[\mathrm{rad}]$ が，力率の値を左右することになる．

力率角は次式で与えられる．

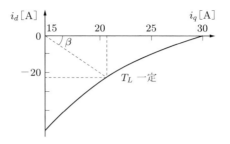

図 4.20　IPM モータの負荷トルク一定時における i_q に対する i_d の変化

$$\phi = \beta - \phi_v$$

ただし，

$$\phi_v = \tan^{-1} \frac{R_a \tan\beta + x_q}{R_a - x_d \tan\beta + E/I_q} \tag{4.77}$$

である．そこで，上記の i_d に対する関係と，力率の関係式を連立して力率のグラフを求めると，図 4.21 が得られる．力率角は $\beta \cong 0.680\,\mathrm{rad}$ において 0 になり，したがって力率はこの点で 1 となる．同図 (b) に示すほぼ全領域で，力率は 1 に近く良好な特性を示している．ただし，SPM モータと同様に，ϕ_v の分母に負の項があり，図に示す領域を超えて β を増加させると，その分母が 0 となる $\beta = 1.48\,\mathrm{rad}$ 近傍において力率が極めて悪化する．

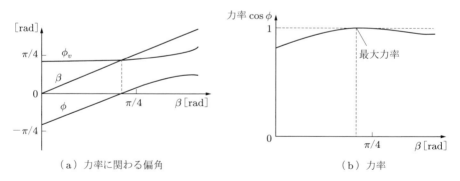

（a）力率に関わる偏角　　　　　　　　　（b）力率

図 4.21　IPM モータの電流の位相 β に対する各偏角と力率の変化

以上，同期リラクタンスモータ，SPM モータ，そして IPM モータの 3 種類の同期モータについて，制御に必須となる dq 軸上の電圧方程式，そして dq 軸におけるトルクの式の表現を得ることができた．さらに，dq 軸上の電圧・電流をフェーザ

表示することで，力率を求める方法とその特性を議論した．

理論的な展開で重要な座標変換の概要を，同期モータの中で最も多くの要素を含む IPM モータを代表例として，図 4.22 にまとめておく．

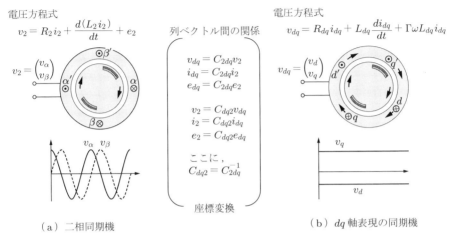

（a）二相同期機 （b）dq 軸表現の同期機

図 4.22　二相・dq 軸間の座標変換（IPM モータ）

4.3.2　同期機駆動系のモデリング

同期機の制御系を検討するにあたって，同期機を三相交流や二相交流で表すのではなく，dq 軸で記述するほうがよいことは，定常状態における周波数が 0 であることから明らかであろう．すなわち，交流機として表現すると，定常状態が一定の周波数で変化する電圧や電流となり，その場合はもはや積分器によって定常偏差をなくす効果は失われる．したがって，dq 軸による表現は，簡素な形になるだけでなく，制御系を動作させるためには必須となる．

制御系の設計のためには，制御対象を数学的に表現する，いわゆるモデリングの必要性が出てくるが，その方法にはおもに，**ブロック線図** (block diagram) と**状態空間表現** (state space representation) がある．ブロック線図は，系の支配方程式をラプラス変換によって代数的な方程式に変え，系の変数の因果関係を伝達関数の接続関係によって表す，視覚的にも便利な表現であり，古典的な制御系設計に適している．状態空間表現は，系のダイナミクスを状態方程式とよぶ連立 1 階微分方程式と，制御量として観測する内容を記述する出力方程式の 2 つで記述し，カルマンに代表される状態量に基づく定式化を行う，現代制御理論以降に発展した制御系設

計に適したモデリングである.

　いま, 入力が $u(t)$, 出力が $y(t)$ のシステムを想定し, $Y(s) = \mathcal{L}\{y(t)\}, U(s) = \mathcal{L}\{u(t)\}$ とおき, 関数 $U(s)$ と $Y(s)$ の関係が, 伝達関数 $G(s)$ として得られ,

$$G(s) = \frac{Y(s)}{U(s)} = \frac{b_m s^m + b_{m-1} s^{m-1} + \cdots + b_1 s + b_0}{a_n s^n + a_{n-1} s^{n-1} + \cdots + a_1 s + a_0}$$

と表される.

　状態空間表現については, x と u をそれぞれ, 状態変数の列ベクトルと制御入力の列ベクトル, $f(x, u)$ を状態 x と制御入力 u に関する列ベクトルの関数とおけば, 状態方程式の基本形は一般に次式で表される.

$$\frac{dx}{dt} = f(x, u)$$

出力方程式は, 観測出力を y, および $g(x, u)$ を x と u の関数であるとして,

$$y = g(x, u)$$

の形で一般に書ける.

　さて, 前項の結果を用いて, それぞれのモータについて力学系の方程式を追加して, これら 2 つの手法に基づくモデリング表現について検討する. 同期機の微分方程式はすでに導いているが, 負荷を含む力学系までの微分方程式を追加して, 同期機運転のシステムのダイナミクスを完成させておく必要がある. そこで, モータの回転子と負荷の合成慣性モーメントを J [kgm^2], 負荷トルクを T_L [Nm], 回転子の機械角速度を ω_m [rad/s] とおけば, 運動方程式が

$$T = J\frac{d\omega_m}{dt} + T_L$$

と書ける.

[同期リラクタンスモータのモデリング]

　電圧方程式 (4.48) とトルクの式 (4.49) より, dq 軸の電機子端子電圧 v_d, v_q [V] が入力として与えられ, 機械角速度 ω_m を出力としてもつ, 制御対象としての同期リラクタンスモータ駆動系のブロック線図が図 4.23 のように得られる. 外乱としての負荷トルク T_L [Nm] が, 外部入力として与えられている.

　この制御対象は, トルクが電機子電流の積 $i_d i_q$ に比例し, dq 軸間の相互干渉が $x_q i_q$ および $x_d i_d$ として存在する形になっており, トルク発生の非線形性は最も大きな特徴である.

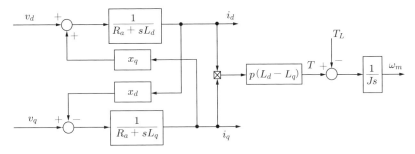

図 4.23 同期リラクタンスモータ駆動系のブロック線図

支配方程式を列ベクトル形式で書き直すために，変数を以下のように定義する．

$$x = \begin{pmatrix} x_1 \\ x_2 \\ x_3 \end{pmatrix} = \begin{pmatrix} i_d \\ i_q \\ \omega_m \end{pmatrix}, \quad u = \begin{pmatrix} u_1 \\ u_2 \end{pmatrix} = \begin{pmatrix} v_d \\ v_q \end{pmatrix}, \quad d = -\frac{T_L}{J}$$

したがって，同期リラクタンスモータの状態空間表現は次式で与えられる．

$$\begin{cases} \dfrac{dx_1}{dt} = -\dfrac{R_a}{L_d}x_1 + \dfrac{pL_q}{L_d}x_2 x_3 + \dfrac{1}{L_d}u_1 \\ \dfrac{dx_2}{dt} = -\dfrac{R_a}{L_q}x_2 - \dfrac{pL_d}{L_q}x_1 x_3 + \dfrac{1}{L_q}u_2 \\ \dfrac{dx_3}{dt} = \dfrac{p}{J}(L_d - L_q)x_1 x_2 + d \end{cases} \tag{4.78}$$

$$y = x_3 \tag{4.79}$$

[SPM モータのモデリング]

SPM モータの電圧方程式 (4.61) とトルクの式 (4.65) を用いて，改めてトルク定数 K_T [Nm/A] と誘起電圧定数 K_E [Vs/rad] を

$$K_T = K_E = \sqrt{\frac{3}{2}}p\Psi_{Pm}$$

とすると，制御対象としての SPM モータ駆動系のブロック線図を図 4.24 のように得ることができる．

ブロック線図において，SPM モータ駆動系の特徴的な部分は，dq 軸間に生じている速度 ω に比例する起電力，すなわち見かけの速度起電力 $x_s i_q$ [V] と $x_s i_d$ [V] が相互干渉として表される，2 入力 1 出力の線形制御系であり，線形制御系設計がそのまま適用できる系といえることである．なお，ここで「見かけの」という表現

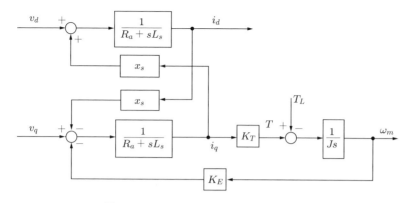

図 4.24 SPM モータ駆動系のブロック線図

は，すでに繰り返し述べているように，力学系における見かけの力と同じ意味で物理的な重要性を強調するために使っており，この座標系が准座標であることにより見かけの速度起電力として現れているものである．

SPM モータの状態空間表現は，同期リラクタンスモータの状態変数 x，制御入力 u，および外乱 d の変数名と同じであり，

$$\begin{cases} \dfrac{dx_1}{dt} &= -\dfrac{R_a}{L_s}x_1 + px_2x_3 + \dfrac{1}{L_s}u_1 \\ \dfrac{dx_2}{dt} &= -\dfrac{R_a}{L_s}x_2 - px_1x_3 - \dfrac{K_E}{L_s}x_3 + \dfrac{1}{L_s}u_2 \\ \dfrac{dx_3}{dt} &= \dfrac{K_T}{J}x_2 + d \end{cases} \tag{4.80}$$

$$y = x_3 \tag{4.81}$$

と表される．

[IPM モータのモデリング]

電圧方程式が式 (4.73)，そしてトルクの式が式 (4.74) により与えられたので，IPM モータのブロック線図が図 4.25 のように得られる．同期リラクタンスモータと SPM モータを合わせた特徴をもち，トルクは，マグネットトルクと非線形の関数形をもつリラクタンストルクで構成されている．IPM モータの状態空間表現は次式で与えられ，非線形微分方程式で与えられる制御対象であることがわかる．

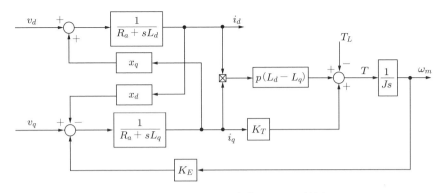

図 4.25 IPM モータ駆動系のブロック線図

$$\begin{cases} \dfrac{dx_1}{dt} &= -\dfrac{R_a}{L_d}x_1 + \dfrac{pL_q}{L_d}x_2x_3 + \dfrac{1}{L_d}u_1 \\[2mm] \dfrac{dx_2}{dt} &= -\dfrac{R_a}{L_q}x_2 - \dfrac{pL_d}{L_q}x_1x_3 + \dfrac{1}{L_q}u_2 - \dfrac{K_E}{L_q}x_3 \\[2mm] \dfrac{dx_3}{dt} &= \dfrac{K_T}{J}x_2 + \dfrac{p}{J}(L_d - L_q)x_1x_2 + d \end{cases} \tag{4.82}$$

$$y = x_3 \tag{4.83}$$

以上，$\alpha\beta$ 軸からの座標変換を行うことによって，dq 軸上における 3 種類の同期モータの電圧方程式とトルクの式を導いた．また，$\alpha\beta$ 軸上における電圧・電流のフェーザ表示と dq 軸上の電圧・電流の関係を示すことで，dq 軸上の変数を用いた力率角を定式化したことにより，同期モータの力率を最大化する指針を明らかにした．

参考文献

[1] H.H. ウッドソン・J.R. メルヒャー（大越・二宮訳）：電気力学 1，産業図書，1974

[2] A.E.Fitzgerald・C.Kingsley,Jr：Electric Machinery (second edition)，McGraw-Hill，1961

[3] 杉本英彦・小山正人・玉井伸三：AC サーボシステムの理論と設計の実際，総合電子出版，1990

[4] 宮入庄太：最新電気機器学，丸善，1974

[5] 武田洋次・松井信行・森本茂雄・本田幸夫：埋込磁石同期モータの設計と制御，オーム社，2011

[6] 宮入庄太：エネルギー変換工学入門 下，丸善，1965

第 5 章

同期モータ駆動制御系の設計と等価回路の拡張

　前章において，同期リラクタンスモータ，SPM モータ，および IPM モータという 3 種類の同期モータについて制御系設計に必要なモデリングを行った．SPM モータだけは線形系であるが，残る 2 種類は強い非線形系であることがわかった．しかし，非線形系であっても，さまざまな整った理論が提供されている線形制御系の手法が適用できれば，理想的であるといえるであろう．

　線形フィードバック制御系の設計では，安定性を確保したうえで指定の制御性能を達成することが目標となる．そのためには，極配置による方法，開ループゲインの周波数特性の整形，直列およびフィードバック補償器の設計，最適レギュレータ，ジーグラ・ニコルス法やその発展形，I-PD 設計法，内部モデル制御，ならびに H∞ 設計法などの近代的手法，などの中から適切な手法を選ぶ必要がある．さらに，非線形系としての同期モータに適した方法を選ぶうえでは，コントローラの設計に数値解析に頼る部分がなく，制御対象のパラメータがそのままの形でコントローラのパラメータに引き継がれると，オンラインでのコントローラの修正が可能となって都合がよい．

　本章では，内部モデル制御による設計法がこれらの条件を満足していると考え，その基礎理論を詳しく述べる．その後，ゲインスケジューリング法を併せた設計手法の提案に続いて，制御系の数値シミュレーション結果を示し，同期機の物理現象を考察して理解を深める．

5.1　内部モデル制御による設計手法

　内部モデル制御 (internal model control) は制御対象の伝達関数表現に対して，PID コントローラのゲインが公式として与えられる．その基本的手法の理解は容易で，かつ制御性能のチューニングも極めて容易なことに特長がある．

[基本原理]

理論の基礎は，開ループ制御のコントローラ設計法にある．図 5.1(a) に示す開ループ制御をまず考える．制御対象 $P(s)$ に対して，コントローラを $Q(s) = P(s)^{-1}$ と選ぶことができれば，出力は

$$Y(s) = P(s)P(s)^{-1}R(s) = R(s)$$

となって，目標値 $R(s)$ どおりの出力 $Y(s)$ が得られることになる．

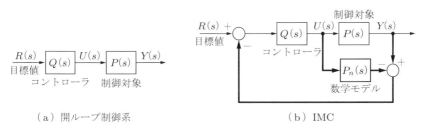

(a) 開ループ制御系   (b) IMC

図 5.1 内部モデル制御の原理

この制御系では，制御対象の伝達関数 $P(s)$ は，因果律のために分子の次数が分母の次数より小さいか等しいという，プロパーな伝達関数となっていないといけない．しかし，逆数 $P(s)^{-1}$ をとるとプロパーではない伝達関数となって，これは因果律に反する系をつくることになる．そこで，プロパーな伝達関数とするための **IMC フィルタ** (IMC filter) を乗じて，コントローラ $Q(s)$ をプロパーにする方法が採られる．なお例外として，目的とするコントローラにプロパーでない微分動作を含ませたい場合は，それに応じた次数のフィルタの設定を行う．

さて，制御対象の伝達関数 $P(s)^{-1}$ にフィルタ $F(s)$ を乗じると，

$$Q(s) = P(s)^{-1}F(s)$$

が得られる．このときフィルタに求められる条件は，入出力の定常ゲインが 1 となること，すなわち，目標値として単位ステップ関数 $1/s$ が与えられたときに，出力の最終値が 1 となることである．そこで，フィルタを多項式の分数として表して，

$$F(s) = \frac{N_F(s)}{D_F(s)}$$

とし，さらに定数 a, b, λ を用いて，$N_F(s) = a, D_F(s) = (\lambda s + b)^n$ とおけば，

$$y(\infty) = \lim_{s \to 0} sY(s) = \lim_{s \to 0} s\left\{ P(s)Q(s) \cdot \frac{1}{s} \right\} = \lim_{s \to 0} F(s) = \lim_{s \to 0} \frac{N_F(s)}{D_F(s)} = 1$$

によって，$N_F(0) = 1, D_F(0) = 1$ が成立する必要がある．したがって，フィル
タは

$$F(s) = \frac{1}{(\lambda s + 1)^n} \tag{5.1}$$

によって与えられることがわかる．

　　ここに，λ は**フィルタ調整パラメータ** (adjustable filter parameter) であり，制
御系のチューニングに使用され，n はコントローラをプロパーにする整数である．
最小位相系の制御対象に対しては，制御系のバンド幅がフィルタ調整パラメータの
逆数に比例するので，応答速度を高める場合はこのパラメータを小さくすることに
なる．

[閉ループ制御への変形]

　　開ループ制御系においては，制御対象に対して導かれた数学モデルが実際の伝達
関数に対してモデル化誤差を含むとき，あるいは外乱が制御系に入る場合，目標値
どおりの出力は得られない．また，開ループ制御系の安定性は，制御対象 $P(s)$ と
コントローラ $Q(s)$ がそれぞれ安定であるときに限られる．

　　一方で，フィードバック制御系は，制御量をフィードバックして目標値との差を
制御系に反映することにより，モデル化誤差や外乱に対して有効に対応できるとい
うメリットをもつ．しかし，制御性能の不用意なチューニングは安定性の問題を
引き起こすので，さほど容易ではない．そこで，以上の開ループ制御系の設計を
フィードバック制御系に拡張することを考える．

　　制御対象に対して導かれた数学モデルは，実際の制御対象を正確に表すものでは
ないので，実際の制御対象 $P(s)$ と区別するために，$P_n(s)$ と書くことにしよう．
ここで，数学モデルと制御対象との違いを補償するために，同一の入力を与えた制
御対象と数学モデルの出力の差をとって，図 5.1(b) のようにフィードバック補償
する．なお，$P(s) = P_n(s)$ であるときは，フィードバックの信号が 0 となって開
ループ制御と同じになることがわかる．

　　コントローラ $Q(s)$ は一般に **IMC コントローラ** (IMC controller) とよばれるが，
制御対象の伝達関数 $P(s)$ の逆数をとることには上記のプロパー性以外の問題もあ
り，以下の方法が採られる．

- $P(s)$ にむだ時間が含まれているときは，その逆数は因果律に反するので，逆
  数の演算からむだ時間要素 e^{-Ls} を外す．あるいは，むだ時間要素をパデ近似

$(e^{-Ls} \cong (1 - Ls/2)/(1 + Ls/2))$ して次項を適用する.

- $P(s)$ が右半面の零点をもつ場合, たとえば $(1 - \tau_1 s)$ を分子に含むときは, $(1 + \tau_1 s)/(1 + \tau_1 s) = 1$ を $P(s)$ に乗じて, $P(s)$ の $(1 - \tau_1 s)$ と先に乗じた $(1 + \tau_1 s)$ をおきかえる. 非最小位相部分 $(1 - \tau_1 s)/(1 + \tau_1 s)$ は全周波数域においてゲインが一定値の全域通過関数となるが, これを逆数の演算から外す.

以上により, 制御対象の数学モデル $P_n(s)$ は最小位相部分 $P_{nM}(s)$ と全域通過関数部分 $P_{nA}(s)$ に分解され,

$$P_n(s) = P_{nM}(s)P_{nA}(s)$$

と表される. $P_{nA}(s)$ は, 上記のむだ時間や $(1 - \tau_1 s)/(1 + \tau_1 s)$ に該当する.

以上によって, IMC コントローラ $Q(s)$ は次式で与えられる.

$$Q(s) = P_{nM}^{-1}(s)F(s) \tag{5.2}$$

ここまでの段階では, 依然として制御系は開ループ制御でしかなく, 閉ループのフィードバック制御となっていない. そこで, 内部モデル制御のブロック線図図 5.1(b) を等価変形することによって, 図 5.2 のブロック線図が得られ, 図 5.2 の $C(s)$ の部分が通常のフィードバックコントローラに該当することがわかる. コントローラ $C(s)$ は次式で与えられる.

$$C(s) = \frac{Q(s)}{1 - P_n(s)Q(s)} \tag{5.3}$$

すなわち, IMC コントローラの設計とブロック線図の等価変形により, フィードバック制御のコントローラ $C(s)$ を設計できることがわかった. このように, 内部モデル制御の手法によるフィードバックコントローラの設計手法を **IMC 法** (IMC-based design) とよぶ. フィードバック制御の形に変形された制御系は, 一定の大きさのモデル化誤差や外乱に対応できるものである. また, 併せて IMC コ

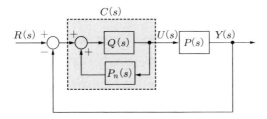

図 5.2　内部モデル制御の等価変形によって得られる制御系ブロック線図

ントローラ $Q(s)$ による開ループ制御系の利点である安定性とチューニングの容易さをくずすような変形は，ここまでの過程で含まれていないことに注意すべきである．さらに，この設計プロセスには数値解析や代数方程式の根を求めることなどの計算も不要で，制御対象のパラメータがコントローラにそのままの形で引き継がれるという実用的な特長もある．

例題 5.1　以下の伝達関数をもつ制御対象に対して目標値がステップ関数で与えられるとき，フィードバックコントローラを IMC 法によって求めよ．

(1) $P(s) = \dfrac{K}{s}$

(2) $P(s) = \dfrac{K}{1 + Ts}$

(3) $P(s) = \dfrac{K}{(1 + T_1 s)(1 + T_2 s)}$

［解］　(1) IMC コントローラは，

$$Q(s) = \frac{s}{K} \cdot \frac{1}{\lambda s + 1} = \frac{s}{K(\lambda s + 1)}$$

となって，フィードバックコントローラは次式で与えられる．

$$C(s) = \frac{Q(s)}{1 - P_n(s)Q(s)} = \frac{1}{K\lambda}$$

［補足］　$P(s)$ が 1 次の積分器であるので 1 次の IMC フィルタを選び，その結果 P 制御のコントローラが導出された．この場合は，ステップ入力に対して定常偏差を 0 とできるが，$P(s)$ の入力側に一定値，すなわちステップ状の外乱が入る場合は定常偏差が 0 とならない．

図 5.3 に示すブロック線図において，目標値を $R(s) = r_0/s$，外乱を $D(s) = d_0/s$ と仮定すれば，出力 $Y(s)$ は

$$Y(s) = \frac{P(s)C(s)}{1 + P(s)C(s)} R(s) + \frac{P(s)}{1 + P(s)C(s)} D(s)$$

$$= \frac{r_0}{s} - \frac{r_0}{s + 1/\lambda} + \frac{K\lambda d_0}{s} - \frac{K\lambda d_0}{s + 1/\lambda}$$

となる．ラプラス逆変換をすると，

$$y(t) = \mathcal{L}^{-1}\{Y(s)\} = r_0(1 - e^{-t/\lambda}) + K\lambda d_0(1 - e^{-t/\lambda})$$

が得られるが，フィルタ調整パラメータ λ を小さくすることで開ループゲインが大きくなり，過渡応答が速くなることもわかる．また，出力の定常値 $y(\infty)$ は

$$y(\infty) = r_0 + K\lambda d_0$$

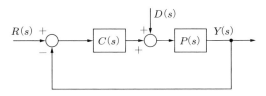

図 5.3 外乱をもつフィードバック制御系

となって，$y(\infty)$ は r_0 とはならず，外乱によって右辺第 2 項の分だけ定常偏差が生じる．

ちなみに，定常偏差に関する指標としては，図 5.3 に示すブロック線図に関して次の定理が存在する．

内部モデル原理 (internal model principle)

　目標値 $R(s)$ に対して出力が定常偏差を生じないためには，開ループ伝達関数 $P(s)C(s)$ が $R(s)$ の不安定極を相殺できなければならない．また，そして外乱 $D(s)$ の影響が出力の定常値に現れることで定常偏差をつくらないためには，コントローラの伝達関数 $C(s)$ が $D(s)$ の不安定極を相殺しなければならない．

　この例題の場合は，$R(s) = 1/s$ の不安定極 $s = 0$ を $P(s)C(s)$ の分母の s が相殺するので，前者は満足している．しかし，後者については，外乱の不安定極 $s = 0$ を相殺するべき s が，コントローラの分母にないために外乱の影響が出力の定常値に現れ，したがって，定常偏差が生じていることになる．すなわち，コントローラに積分器が必要であることがわかる．

(2) IMC コントローラは次式で求められる．

$$Q(s) = \frac{1+Ts}{K} \cdot \frac{1}{\lambda s + 1} = \frac{1+Ts}{K(\lambda s + 1)}$$

フィードバックコントローラは

$$C(s) = \frac{Q(s)}{1 - P_n(s)Q(s)} = \frac{1+Ts}{K\lambda s}$$

によって与えられる．その比例ゲインを K_p，積分ゲインを K_i とおけば，

$$K_p = \frac{T}{K\lambda}, \quad K_i = \frac{1}{K\lambda}$$

と表される．

(3) $P(s)$ の逆数をとると分子が 2 次の伝達関数となるが，1 次の IMC フィルタを用いると，IMC コントローラ $Q(s)$ が次式で表される．

$$Q(s) = \frac{(1+T_1 s)(1+T_2 s)}{K} \cdot \frac{1}{\lambda s + 1} = \frac{(1+T_1 s)(1+T_2 s)}{K(\lambda s + 1)}$$

すると，フィードバックコントローラは次式で与えられる．

$$C(s) = \frac{Q(s)}{1 - P_n(s)Q(s)} = \frac{(1 + T_1 s)(1 + T_2 s)}{K\lambda s}$$
$$= \frac{T_1 + T_2}{K\lambda} + \frac{1}{K\lambda s} + \frac{T_1 T_2}{K\lambda(T_1 + T_2)} s$$

すなわち，PID コントローラが得られ，比例ゲイン K_p，積分ゲイン K_i，および微分ゲイン K_d が次式で与えられる．

$$K_p = \frac{T_1 + T_2}{K\lambda}, \quad K_i = \frac{1}{K\lambda}, \quad K_d = \frac{T_1 T_2}{K\lambda(T_1 + T_2)}$$

例題 5.2　図 5.3 に示したフィードバック制御系において，制御対象の入力側に一定値の外乱 $D(s)$ が入るものとする．制御対象の伝達関数が $P(s) = K/s$ で与えられるとき，定常偏差が 0 となるフィードバックコントローラを求めよ．

[解]　外乱がフィードバックコントローラの後に一定値で入るとき，制御対象の積分器は定常偏差を 0 にすることに寄与せず，内部モデル原理によりコントローラに積分器をもたせて 2 形のフィードバック制御系を構成する必要がある．すなわち，目標値としてランプ関数 $1/s^2$ が与えられたときに定常偏差を 0 にできれば，一定値外乱の影響が定常偏差に現れない制御系設計となる．

そこで，開ループ制御系に立ち返ると，IMC コントローラは $Q(s) = P^{-1}(s)F(s)$ によって与えられるので，入出力伝達関数は $P(s)Q(s) = F(s)$ となり，これにランプ関数を入力として与えたときに定常偏差が 0 にならなければならない．1 形の制御系の設計は例題 5.1 で示したが，この場合は，フィルタの次数を 2 次にしてコントローラに積分器をもたせて 2 形の系を構成しなければならない．

多項式の分数で表した IMC フィルタ $F(s) = N_F(s)/D_F(s)$ の分母と分子における 0 次の項がそれぞれ 1 になることが，入出力の定常値が一致するための十分条件であることは，すでに述べたとおりである．そこで，ランプ関数 $1/s^2$ を目標値 $R(s)$ として与えたときの開ループ制御系の出力 $Y(s)$ と，目標値 $R(s)$ との間につくる偏差を $E(s)$ としたときに定常偏差が 0 となるための条件を導くことで，IMC フィルタ $F(s)$ の形を求めてみる．

図 5.4 のように，内部モデル制御による開ループ制御系にランプ関数が目標値として与えられ，制御対象の出力と目標値の偏差を見る系を考える．すると，偏差 $E(s)$ は次式で表される．

$$E(s) = R(s) - Y(s) = \frac{1}{s^2}\left\{1 - P(s)P_{nM}^{-1}(s)F(s)\right\}$$

$P(0) = P_{nM}(0)$ とし，定常偏差 $e(\infty)$ が 0 になる条件を求める．

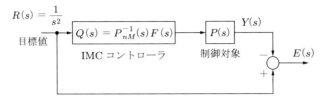

図 5.4 ランプ関数を入力とした開ループ制御系の偏差

$$e(\infty) = \lim_{s \to 0} sE(s) = \lim_{s \to 0} \frac{1}{s} \left\{ 1 - \frac{N_F(s)}{D_F(s)} \right\} = \lim_{s \to 0} \frac{D'_F(s) - N'_F(s)}{D_F(s)} = 0$$

とおけば，1 形の系とは異なって，IMC フィルタには 0 次ではない分子の多項式 $N_F(s)$ が必要であることがわかる．ここに，ダッシュの記号は s に関する微分を表す．

制御対象が 1 次であるので，分母 $D_F(s)$ と分子 $N_F(s)$ の相対次数を 1 と選ぶと，IMC フィルタは未知定数 a を用いて

$$F(s) = \frac{N_F(s)}{D_F(s)} = \frac{as + 1}{(\lambda s + 1)^2}$$

の形をとることになる．この式を上記の定常偏差の式に代入すると $a = 2\lambda$ が得られて，IMC フィルタは

$$F(s) = \frac{2\lambda s + 1}{(\lambda s + 1)^2} \tag{5.4}$$

となり，IMC コントローラが次式により表される．

$$Q(s) = \frac{s}{K} \cdot \frac{2\lambda + 1}{(\lambda s + 1)^2}$$

したがって，フィードバックコントローラは PI コントローラの形として次式で与えられる．

$$C(s) = \frac{2}{K\lambda} \left(1 + \frac{1}{2\lambda s} \right) = \frac{2}{K\lambda} + \frac{1}{K\lambda^2 s}$$

すなわち，比例ゲイン K_p，積分ゲイン K_i（あるいは，積分時間 $T_i = K_p/K_i$）は

$$K_p = \frac{2}{K\lambda}, \quad K_i = \frac{1}{K\lambda^2} \quad (T_i = 2\lambda)$$

と得られる．

以上，IMC コントローラをもつ開ループ制御のブロック線図を変形することにより，最終的にフィードバック制御に変換してフィードバックコントローラの設計に至った．

ここで見逃してしまいがちな重要な点としては，IMC 法によって導かれたフィードバック制御系の入出力伝達関数は，内部モデル制御の原理の箇所で最初に示した

開ループ制御系の入出力伝達関数に，基本的に同一となるということである．

図 5.5 は，フィードバック制御系からのブロック線図の変形を，前述の変換を逆にたどったものである．同図 (a) はフィードバックコントローラ $C(s)$ をもつフィードバック制御系であり，これに伝達関数 $P_n(s)$ を 2 箇所に追加して，その効果が相殺されるように等価変換を施しているのが同図 (b) である．次に，同図 (c) では $C(s)$ の部分のフィードバック要素の部分を $Q(s)$ にまとめている．そして，制御対象の伝達関数にモデル化誤差がない場合は，$P(s) = P_n(s)$ となるので，同図 (d) の IMC コントローラ $Q(s)$ による開ループ制御系となる．最後に，IMC コントローラの式 $Q(s) = P(s)^{-1}F(s)$ を用いて，IMC フィルタ $F(s)$ が入出力伝達関数として得られる．

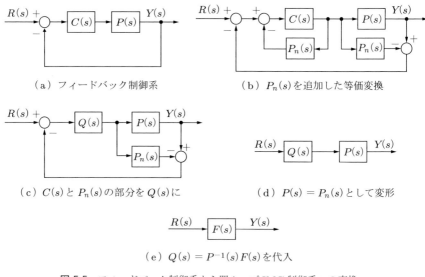

（a）フィードバック制御系

（b）$P_n(s)$ を追加した等価変換

（c）$C(s)$ と $P_n(s)$ の部分を $Q(s)$ に

（d）$P(s) = P_n(s)$ として変形

（e）$Q(s) = P^{-1}(s)F(s)$ を代入

図 5.5 フィードバック制御系から開ループ IMC 制御系への変換

すなわち，$P(s) = P_n(s)$ とした場合，入出力伝達関数は $P(s)Q(s) = P(s)P^{-1}(s)F(s) = F(s)$ となって，これは元のフィードバック制御系の入出力伝達関数を表すものであることがわかる（同図 (e)）．したがって，IMC 法によるフィードバック制御系の動きは基本的に IMC フィルター $F(s)$ によって決まるものといえる．ただし，IMC コントローラ $Q(s)$ を求める際に，むだ時間要素 e^{-Ls} や $(1 - \tau_1 s)/(1 + \tau_1 s)$ などの全域通過関数 $P_{nA}(s)$ を除外して求めるので，入出力関係には

$$Y(s) = F(s)P_{nA}(s) \cdot R(s)$$

のように，相殺されずにそのまま含まれることになる．

表 5.1 に，IMC 法による PID コントローラ $C(s)$ を

$$C(s) = K_p \left(1 + \frac{1}{T_i s} + T_d s \right)$$

の形で定義したときの比例ゲイン K_p，積分時間 T_i，微分時間 T_d を，サーボ系の代表的な制御対象モデルに対して示す．

表 5.1　IMC 法による PID コントローラのパラメータ

制御対象	比例ゲイン K_p	積分時間 T_i	微分時間 T_d
$\dfrac{K}{Ts+1}$	$\dfrac{T}{K\lambda}$	T	−
$\dfrac{K}{(T_1 s+1)(T_2 s+1)}$	$\dfrac{T_1+T_2}{K\lambda}$	T_1+T_2	$\dfrac{T_1 T_2}{T_1+T_2}$
$\dfrac{K}{T^2 s^2+2\zeta Ts+1}$	$\dfrac{2\zeta T}{K\lambda}$	$2\zeta T$	$\dfrac{T}{2\zeta}$
$\dfrac{K}{s}$	$\dfrac{1}{K\lambda}$	−	−
$\dfrac{K}{s}$	$\dfrac{2}{K\lambda}$	2λ	−
$\dfrac{K}{s(Ts+1)}$	$\dfrac{2\lambda+T}{K\lambda^2}$	$2\lambda+T$	$\dfrac{2\lambda T}{2\lambda+T}$
$\dfrac{K}{-Ts+1}$	$\dfrac{-(\lambda+2T)}{K\lambda}$	ζ	−

　この節の重要な点としては，IMC 法による制御系の注目すべき特長は，フィードバック制御系の**入出力伝達関数は制御対象にかかわらず，IMC フィルタ $F(s)$ と全域通過関数 $P_{nA}(s)$ の積によって表される**ことである．

5.2　同期機の制御系設計

　第 4 章において，ブロック線図と状態空間表現の 2 通りの方法でモデリングを示した．そこでは SPM モータを除いて強い非線形性をもち，制御系の設計には特別な工夫を要することがわかった．本節では具体的な制御系の設計法を示し，数値シミュレーションも示して議論を行い，同期モータの制御系についての理解を深めることにしよう．

▌5.2.1　同期リラクタンスモータの制御系設計

　ブロック線図を用いて内部モデル制御を適用し，制御系設計を行うことにする．同期リラクタンスモータのブロック線図を改めて図 5.6 に示す．制御対象としての駆動系の特徴を制御系設計の観点から眺めると，以下のようになる．

- 制御量は角速度 ω_m であるが，制御入力は v_d と v_q の 2 つである．
- トルク T が電機子電流 i_d と i_q の積によって決まる非線形系である．
- d 軸，q 軸のそれぞれに速度 ω に比例する起電力，すなわち見かけの速度起電力が電気系の外乱 $x_q i_q$ と $x_d i_d$ として入っている．
- 力学系の外乱として負荷トルクが存在する．

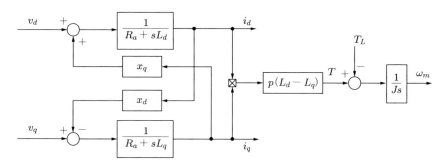

図 5.6　同期リラクタンスモータ駆動系のブロック線図

　まず，2 つの制御入力に対して，トルクは電流 i_d および i_q の積によって決まることから，多入力の線形制御系設計は適していないことがわかる．そして，制御入力の電圧に加えて，見かけの速度起電力が外乱として入っているので，電流も制御量の 1 つに加えて制御系設計が施されないと，トルクの応答速度に問題が生じる．
　以上の問題について，以下の手順で対処する．

(1) d 軸，q 軸の各軸についてフィードバック制御系を構成する分散制御系とする．

(2) q 軸は速度制御系を 1 次ループ，電流を 2 次ループとしたカスケード制御系とし，各軸における外乱としての速度起電力の抑制は電流制御系にその機能をもたせる．

(3) 同期リラクタンスモータにおいては，第 4 章で述べたように d 軸と q 軸の電流に一定の比率をもたせることで力率を調整できるが，さらに回転方向

にかかわらず所望のトルクを発生させるためには，q 軸から見たトルク係数 $p(L_d - L_q)i_d$ を正の値にするために $i_d > 0$ としなければならない．したがって，q 軸の電流制御系の目標値の絶対値に望ましい比率 $\gamma > 0$ を乗じて，それを d 軸の電流制御系の目標値として与えることにする．

(4) トルク T が電流 i_d と i_q の積によって決まるので，d 軸の電流はトルクを決めるゲインの 1 要素として取り扱うことにする．

(5) トルクを決めるゲインが i_d によって変わる時変系となるので，コントローラのゲインをそれに応じて変化させる方法，すなわち**ゲインスケジューリング** (gain scheduling) を行う．

この制御方針によって，全体の制御系ブロック線図を構成したものを図 5.7 に示す．

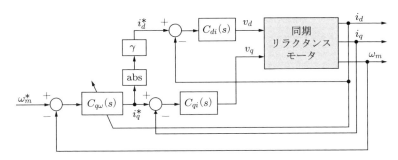

図 5.7 同期リラクタンスモータ制御系ブロック線図

[内部モデル制御による同期リラクタンスモータ制御系の設計]

ゲインスケジューリングのパラメータ決定に便利な内部モデル制御を適用して，制御系各部のコントローラの設計を進めていく．まず，電流制御系に着手することにしよう．制御系のブロック線図は図 5.8 で表され，i_d^* と i_q^* がそれぞれの系の目標値として与えられ，外乱のもとで電流を制御することになる．しかし，ここでの外乱はそれぞれ速く変動する電流が含まれているので，一定値外乱として扱うことはできない．したがって，その抑制にあたっては，コントローラに積分器はあえてつけず，比例ゲインの効果によって対処する．ただし，外乱の成分 $x_d i_d$，$x_q i_q$ を制御入力に含ませる，フィードフォワード制御を行う方法も採ることもできる．

d 軸の系と q 軸の系はともに同じ形のブロック線図であるので，設計法は同じで

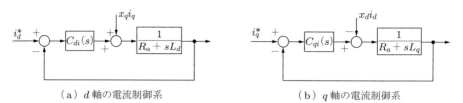

（a）d 軸の電流制御系　　　　　（b）q 軸の電流制御系

図 5.8　同期リラクタンスモータ電流制御系

ある．制御対象のブロック線図は，例題 5.1(2) における 1 次遅れの場合に相当することがわかる．そこで，d 軸について制御対象の伝達関数を変形して書き直すと，

$$\frac{1}{R_a + sL_d} = \frac{1/R_a}{1 + T_a s} \tag{5.5}$$

となる．ここに，$T_a = L_d/R_a$ である．表 5.1 より，コントローラ $C_{di}(s)$ の比例ゲイン K_{dip} と積分ゲイン K_{dii} が

$$K_{dip} = \frac{T}{K\lambda} = \frac{L_d}{\lambda}, \quad K_{dii} = \frac{1}{K\lambda} = \frac{R_a}{\lambda}$$

となる．したがって，q 軸についても同様に，コントローラ $C_{qi}(s)$ の比例ゲイン K_{qip} と積分ゲイン K_{qii} が次式で与えられる．

$$K_{qip} = \frac{L_q}{\lambda}, \quad K_{qii} = \frac{R_a}{\lambda}$$

フィルタ調整パラメータ λ を小さく設定すれば，開ループゲインを上げることになって，一般的にはロバスト安定性が劣化するので注意が必要である．しかし，同時に IMC 法の特長として，λ は制御系の応答の**立上り時間** (rise time) を決めることができる．実際の具体的な数値は，最終的には離散値系表現によるデジタル制御が行われることになるので，サンプリング時間に相当するむだ時間を考慮し，モデル化誤差を見積もったシミュレーションをもとに調整すればよい．

　次に，速度制御系の設計を行う．電流制御系の部分のダイナミクスは速度制御系の応答に比べて無視できるほどに速い設計を仮定すると，制御系は図 5.9 のように表される．d 軸の電流 i_d を含む $p(L_d - L_q)i_d$ という時変のゲインがあるが，内部モデル制御は制御対象の伝達関数のパラメータを陽に含んだ形でコントローラのゲインが表され，i_d の変数名を含んだ時変のコントローラとして容易に表すことができるという顕著な特長がある．

　外乱としては負荷トルク T_L が存在する．一般に，その変動速度は制御系の応答速度に比べて十分に遅いので，一定値として扱うことができる．一方，次式のよう

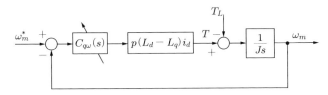

図 5.9 同期リラクタンスモータ速度制御系

に制御対象 $P(s)$ は i_d によって変化する時変ゲイン K を含むので，これに対しては，ゲインスケジューリングを行う．

$$P(s) = \frac{p(L_d - L_q)i_d}{Js} = \frac{K}{s}$$

ここに，

$$K = \frac{p(L_d - L_q)i_d}{J}$$

である．この場合，目標値に対する定常偏差だけを考慮した場合には，内部モデル制御の例題 5.1(1) のように 1 形の制御系となるが，一定値の外乱に対する定常偏差を 0 にできない．したがって，例題 5.2 のように，負荷トルクという外乱を抑制するためには 2 形の制御系として設計を行うことが必要であり，コントローラに積分器を含ませなければならない．

　以上により，コントローラ $C_{q\omega}(s)$ の比例ゲインを $K_{\omega p}$，積分ゲインを $K_{\omega i}$ とおけば，次のように与えられる．

$$K_{\omega p} = \frac{2}{K\lambda} = \frac{2J}{p(L_d - L_q)\lambda i_d}, \quad K_{\omega i} = \frac{1}{K\lambda^2} = \frac{J}{p(L_d - L_q)\lambda^2 i_d}$$

すなわち，2 つのゲインがともに d 軸電流 i_d に依存するゲインスケジューリングの形式をとることになる．ただし，システムの起動時には電機子電流は 0 であるので，数値計算上の問題を回避するために，その逆数をとるにあたっては小さい値のバイアスが必要となる．

[同期リラクタンスモータ制御系の数値シミュレーション]

　ここで提案する制御系設計法の妥当性を確認し，さらに制御系の物理現象を具体的に理解するには，各種パラメータに任意の適切な数値を与えてシミュレーションを行うことが重要である．

　そこで，2 極の同期リラクタンスモータを設定し，d 軸と q 軸の自己インダクタンスの比 L_d/L_q を 3 とし，回路の時定数を数十 ms の現実的なオーダに設定して，

定常状態における電機子電流の比 $\gamma = i_d/i_q$ を 1 とし，以下の数値例でシミュレーションを行う．

（数値例）　$p = 1$,　$L_d = 30\,\mathrm{mH}$,　$L_q = 10\,\mathrm{mH}$,　$R_a = 1\,\Omega$,　$J = 0.5\,\mathrm{kgm^2}$,
$\gamma = 1$

IMC フィルタのフィルタ調整パラメータは，電流制御系においては $\lambda = 0.001$，速度制御においては $\lambda = 0.01$ とした．各コントローラは，λ を変数名のままで示すと，以下のようになる．

$$C_{di}(s) = \frac{0.03}{\lambda} + \frac{1}{\lambda s} = \frac{0.03s + 1}{\lambda s}$$

$$C_{qi}(s) = \frac{0.01}{\lambda} + \frac{1}{\lambda s} = \frac{0.01s + 1}{\lambda s}$$

$$C_{q\omega}(s) = \frac{50}{\lambda i_d} + \frac{25}{\lambda^2 i_d s} = \frac{50\lambda i_d s + 25}{\lambda^2 i_d s}$$

フィルタ調整パラメータ λ はすべてのゲインの分母に含まれているが，速度制御のコントローラには，λ とともにゲインスケジューリングのための i_d が入っており，速度制御の積分ゲインには λ が 2 乗で作用している．

制御対象をすべてのケースについて $P(s)$ と書き，d 軸の電流制御系の閉ループ伝達関数を $T_{di}(s)$ とおき，パラメータの値を代入すれば次式が得られる．

$$T_{di}(s) = \frac{C_{di}(s)P(s)}{1 + C_{di}(s)P(s)} = \frac{1}{1 + \lambda s}$$

すなわち，閉ループ伝達関数は，前述のように内部モデル制御の開ループ系の入出力伝達関数と等しくなり，IMC フィルタ $F(s)$ の伝達関数で表される．q 軸についても同一の簡素な 1 次遅れの伝達関数となり，$T_{qi}(s)$ とおけば，

$$T_{qi}(s) = \frac{1}{1 + \lambda s}$$

となって，帯域幅が $1000\,\mathrm{rad/s}$ のフィードバック制御系が得られる．一方，速度制御系の閉ループ伝達関数 $T_\omega(s)$ は，

$$T_\omega(s) \cong \frac{C_{q\omega}(s)P(s)}{1 + C_{q\omega}(s)P(s)} = \frac{(2\lambda i_d s + 1)/\lambda^2}{s^2 + 2i_d s/\lambda + 1/\lambda^2}$$

と表され，これは固有角周波数が $1/\lambda$ で与えられることから，トルクのゲインに含まれている i_d が混入していることを除けば IMC フィルタの伝達関数にほぼ等しい．ここで，この伝達関数の固有角周波数を ω_s とおけば，

$$\omega_s = \frac{1}{\lambda} = 100\,\mathrm{rad/s}$$

となって，フィルタ調整パラメータ λ が電流制御系と速度制御系の応答速度を決めていることもわかる．これは，電流制御系の立上り時間が速度制御系の 10 倍程度速いので，カスケード制御系の必要条件をみたしている．

目標の角速度として，$157.1\,\mathrm{rad/s}\,(= 1500\,\mathrm{rpm})$ のステップ信号を，時定数 $1\,\mathrm{s}$ とする 1 次遅れ系に通して得られた出力として与えて，時間 $t = 10\,\mathrm{s}$ の時点で外乱として $20\,\mathrm{Nm}$ の負荷トルクを与え，シミュレーションを行った結果を図 5.10 に示す．

1 次ループは速度制御であり，同図 (c) に速度の目標値と出力を描いているが，完全に一致しているために 1 つの曲線となっている．d 軸の電流 i_d は速度制御のゲインの分母に入っているので，i_d に反比例してゲインを変化させながら制御を行っており，これが良好に動作していることを確認できる．

同図 (a) と (b) に示すように，d 軸，q 軸の電機子電流は，起動直後に急激に増加して，同図 (d) のようにトルクを発生させて加速する．時間 $t = 10\,\mathrm{s}$ において負荷トルクがかかると，q 軸の電流が速やかに増加して，それにともなって d 軸の電流も目標値を q 軸から受けて速やかに増加している．d 軸の電流 i_d と q 軸の電流 i_q の比を $\gamma = 1$ と指定しているので，定常状態では両者の電流がともに約 $31.6\,\mathrm{A}$ の同じ値に落ち着いている．

d 軸と q 軸の両方で互いに角速度 ω に比例する起電力，すなわち見かけの速度起電力が干渉した形で入る．その起電力に寄与する量として，角速度 $\omega_m\,[\mathrm{rad/s}]$ と電機子電流 $i_d\,[\mathrm{A}]$，あるいは $i_q\,[\mathrm{A}]$ があり，起電力の波形は時間的変化の速い電機子電流の変化の影響を最も受けていることがわかる．見かけの速度起電力の d 軸，q 軸間の平均的な比率は，自己インダクタンス L_d と L_q の値によって決まっており，$x_d i_d$ が $x_q i_q$ の約 3 倍となっている．

ここで，速度制御系から受けた電流指令 i_q^* を受けて，その絶対値をそのまま d 軸に $i_d^* = \gamma|i_q^*|\,(\gamma = 1)$ として与えている．すると，電流制御コントローラの伝達関数の分子が，d 軸は $0.03s + 1$，q 軸は $0.01s + 1$ となっていることから，近似微分動作を示す．両者の s の係数に 3 倍の違いがあるので，制御入力としての電機子電圧 v_d は，同図 (g) と (h) のように時間 0 において v_q の約 3 倍のスパイク状電圧を生じさせている．時間 $t = 10\,\mathrm{s}$ に発生する負荷トルクによって，q 軸の電流指令値は d 軸にも入って，i_d として正の大きな電流を生じさせている（同図 (a), (b)）．

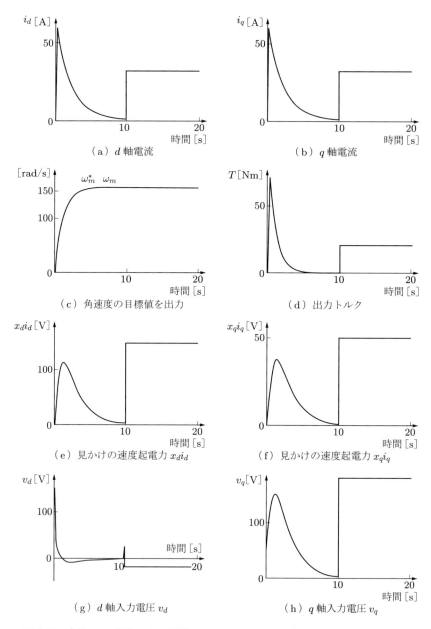

（a）d 軸電流

（b）q 軸電流

（c）角速度の目標値を出力

（d）出力トルク

（e）見かけの速度起電力 $x_d i_d$

（f）見かけの速度起電力 $x_q i_q$

（g）d 軸入力電圧 v_d

（h）q 軸入力電圧 v_q

図 5.10　内部モデル制御による同期リラクタンスモータの速度制御シミュレーション

同図 (e) と (f) に示す両者の見かけの速度起電力は，絶対値の比率が 3 倍ほど異なるものの同様の波形であるが，同図 (g) と (h) に示す印加電圧はまったく異なる波形になっている．この理由は，見かけの速度起電力が d 軸においては正の符号として入っているが，q 軸においては負の符号として入っていることによる．そこで，v_q については，速度制御系から受けた電流指令のもとに，外乱となる見かけの速度起電力 $x_d i_d$ の影響を抑えつつ，i_q を制御してトルクを変化させている．定常値について眺めてみると，v_d と $x_q i_q$ はそれぞれ −18.0 V，49.6 V となって，合計の起電力は約 31.6 V である．一方，q 軸については，$x_d i_d$ は加え合わせ点に負の値として入ることに注意すると，v_q と $-x_d i_d$ はそれぞれ 180.6 V，−149.0 V となって，合計の起電力は約 31.6 V である．これらの電圧が $i_d = i_q \cong 31.6$ A の電流を生じさせている．このように，高い目標値追従と外乱抑制の性能により，角速度が目標値に忠実に追従していることがわかる．

以上，制御対象は強い非線形系であるものの，ここで提案する d 軸の電機子電流の大きさに応じて速度制御のゲインを変化させる制御系設計は，非常に簡素であり，にもかかわらず，良好な安定性，目標値への追従性能，および外乱抑制性能を達成している．

▌5.2.2 SPM モータの制御系設計

同期リラクタンスモータと同様に，内部モデル制御を適用して制御系設計を行う．制御対象のブロック線図を改めて図 5.11 に示す．SPM モータにおいては，回転磁界をつくる電機子電流に対して回転子には永久磁石があるので，電磁力は電機子電流と永久磁石がつくる磁界によって発生する．したがって，dq 軸で眺めた電機子電流は q 軸成分のみで駆動できる．ただし，ブロック線図からわかるように，永久磁石のつくる速度起電力 $K_E \omega_m$ だけでなく，d 軸電流に起因した回転角速度 $\omega_m \, (= \omega/p)$ に比例する成分，すなわち見かけの速度起電力 $x_s i_d$ がブロック線図の q 軸における加え合わせ点に負の値として入っている．すなわち，$K_E \omega_m$ は

$$K_E \omega_m = v_q - x_s i_d - R_a i_q - L_s \frac{di_q}{dt}$$

となる．右辺の第 3 項と第 4 項は抵抗とインダクタンスの電圧降下である．第 2 項の $-x_s i_d$ は速度起電力であり，$i_d < 0$ とすることによってこの項を正の値として大きくすると，左辺の速度起電力を大きくすることができる．すなわち，トルクの発生には $i_d = 0$ でもよいが，運転速度 ω_m を上げるためには電源電圧による制

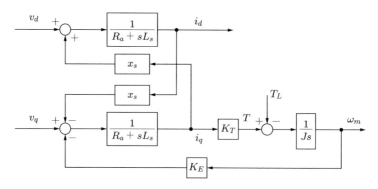

図 5.11　SPM モータ駆動系のブロック線図

限があり，d 軸の電流 i_d によってさらに速度を上げることができることがわかる．
駆動系の特徴を制御系設計の観点から眺めると，以下のようにまとめられる．

- 制御量は角速度 ω_m であり，基本となる制御入力は v_q である．
- トルク T が電機子電流 i_q によって決まる線形系である．
- q 軸において，電機子電流 i_d が見かけの速度起電力 $x_s i_d$ をつくっているので，同じ大きさの電源電圧 v_q のもとでも i_d を負の値にすることで運転速度 ω_m を上昇させることができる．これは，直流モータの弱め界磁と同じ目的である．
- d 軸電機子電流 i_d は，ジュール損の発生を最小限にする目的では $i_d = 0$ にするべきなので，低速度領域では $i_d = 0$ とし，電源電圧が定格値となる基底速度以上においては $i_d < 0$ とする．

[内部モデル制御による SPM モータ制御系の設計]
　内部モデル制御を適用するにあたっての制御系ブロック線図は，図 5.12 のよう

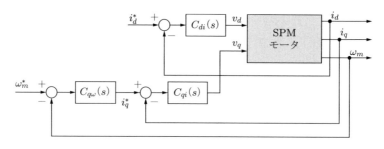

図 5.12　SPM モータの内部モデル制御系ブロック線図

に描ける. 同期リラクタンスモータの場合とは異なって, コントローラ間での電流指令値の信号伝達も不要である.

電流制御系のブロック線図を図 5.13 に示す. d 軸と q 軸は外乱の様子に若干の違いが見られるものの, 制御対象の伝達関数は同じで, 次式で表される.

$$\frac{1}{R_a + sL_s} = \frac{1/R_a}{1 + T_a} \tag{5.6}$$

ここに, $T_a = L_s/R_a$ である. 同期リラクタンスモータと同様に例題 5.1(2) を適用すると, d 軸, q 軸とも同一の式となり, コントローラ $C_{di}(s)$ の比例ゲイン K_{ip} と積分ゲイン K_{ii} が

$$K_{ip} = \frac{L_s}{\lambda}, \quad K_{ii} = \frac{R_a}{\lambda}$$

と与えられる.

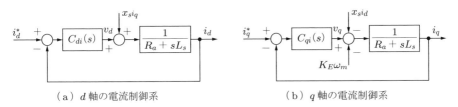

（a）d 軸の電流制御系　　　　　　　（b）q 軸の電流制御系

図 5.13　SPM モータの電流制御系

次に, 速度制御系のブロック線図を図 5.14 に示す. 速度制御系の制御対象は例題 5.2 の K に対応させて,

$$P(s) = \frac{K_T}{Js} = \frac{K}{s}$$

と表され, 比例ゲイン $K_{\omega p}$ と積分ゲイン $K_{\omega i}$ が次式となる.

$$K_{\omega p} = \frac{2}{K\lambda} = \frac{2J}{K_T \lambda}, \quad K_{\omega i} = \frac{1}{K\lambda^2} = \frac{J}{K_T \lambda^2}$$

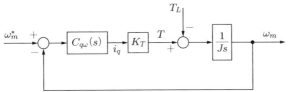

図 5.14　SPM モータのモータ速度制御系

[SPM モータ制御系の数値シミュレーション]

以下，系のパラメータに適当な数値を与えてシミュレーションを示そう．

（数値例）　$p = 1$,　$L_s = 10\,\mathrm{mH}$,　$\Psi_{Pm} = \sqrt{\dfrac{2}{3}}\,\mathrm{Wb}$,　$R_a = 1\,\Omega$,

　　　　　$J = 0.5\,\mathrm{kgm^2}$,　$K_T = K_E = 1$

IMC フィルタのフィルタ調整パラメータは，シミュレーションの結果，電流制御系においては $\lambda = 0.001$，速度制御においては $\lambda = 0.1$ とした．なお，実際にはモデル化誤差の可能性を考えた調整も必要となるであろう．シミュレーションは，目標値追従性能，負荷トルクの速度制御系における抑制制御の性能，そして定常運転中における急な減速指令を与えたときの制動性能の 3 点に関して示す．

(1) 目標値追従・外乱抑制性能シミュレーション　まず，目標値追従に加えて，負荷トルクをステップ状に与えたときの外乱抑制性能を確認するシミュレーションを図 5.15 に示す．

速度の目標値は，同期リラクタンスモータのときと同様に，ステップ関数を 1 s の時定数をもつ 1 次遅れ要素を通して与えている．同図 (b) より，速度は目標値と偏差もなく立上り，q 軸の電機子電流 i_q が同図 (a) のように，速やかに上昇してトルクを発生させている（同図 (c)）．この際，q 軸の印加電圧 v_q がこの電流を引き起こしているわけであるが，d 軸からの見かけの速度起電力 $x_s i_d$ [V] が速度起電力 $K_E \omega_m$ とともに入ってきている．しかし，d 軸の電機子電流 i_d が 0 A に制御されているので，同図 (d) のように $x_s i_d$ はほとんど 0 である．立上り時には，回路のインダクタンスの電圧降下が顕著で，ブロック線図を参照して $v_q \cong L_s di_q/dt + K_E \omega_m$ となる．なお，$K_E = 1\,\mathrm{Vs/rad}$ としているので，数値上は $K_E \omega_m = \omega_m$ となっていることに注意する．

d 軸の回路に関して $i_d = 0$ の電流制御をしているので，回路のインピーダンスによる電圧降下はほぼ無視できる．したがって，$v_d \cong x_s i_q$ となるので，同図 (e) に示される d 軸の印加電圧 v_d は同図 (d) の $x_s i_q$ を反転させたものとほぼ同じ波形となっている．

時間 $t = 10\,\mathrm{s}$ において $T_L = 30\,\mathrm{Nm}$ の負荷トルクが入っているが，ごくわずかに速度 ω_m が低下しているものの，良好な外乱抑制性能を示している．このとき，若干の速度低下が起こり，それが速度制御用コントローラからの電流指令値の増加，したがって電流制御系の電圧 v_q の増加となり，これが v_q のスパイク状の変化とし

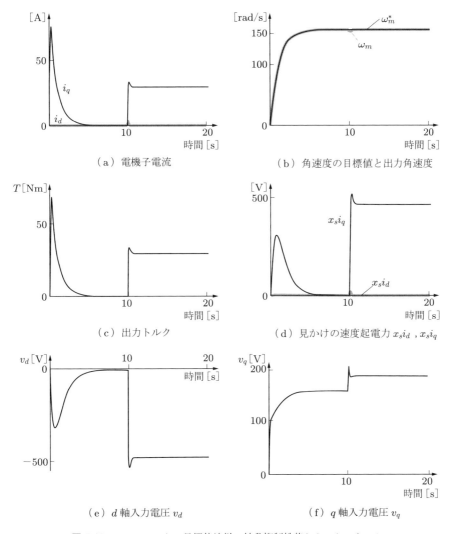

図 5.15 SPM モータの目標値追従・外乱抑制性能シミュレーション

て現れている．v_q は，負荷トルクが与えられる前の定常値が約 157 V，それ以後の値が約 187 V となって，約 30 V だけ増加しており，これは $R_a i_q \cong 30$ V に等しい．すなわち，負荷トルクを補償する電流 i_q が R_a でつくる電圧降下の分だけ，同図 (f) のようにステップ状に増加している．結局，速度制御系は良好に機能し，負荷トルクが入った瞬間に q 軸の電機子電流が速やかに増加しトルクを上昇させて，速度の低下を抑制している．

　一方で，このとき角速度に比例する，見かけの速度起電力 $x_s i_q$ が正の値として d 軸の回路に入ると，i_d は増加してしまう．しかし，負のフィードバック補償により，同図 (e) のように印加電圧 v_d が負の値となってこれを打ち消し，i_d の変化を抑制していることがわかる．

(2) 回生制動運転シミュレーション　次に，通常運転中に減速指令を出して，制動性能を見てみよう．図 5.16 にシミュレーション結果を示す．速度が定常状態に落ち着いた時間 $t = 10\,\mathrm{s}$ の時点で，目標値の立上げと同様に，1 s の時定数をもつ 1

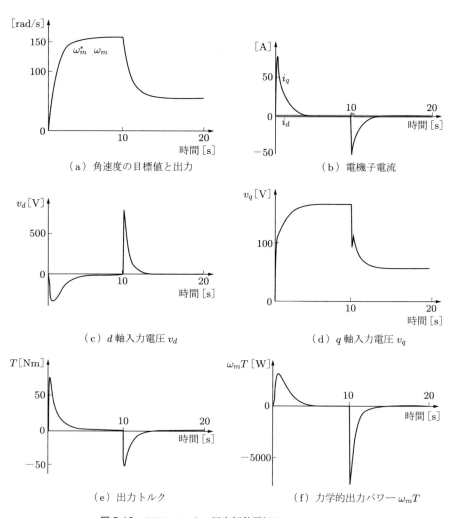

（a）角速度の目標値と出力　　　　　（b）電機子電流

（c）d 軸入力電圧 v_d　　　　　　（d）q 軸入力電圧 v_q

（e）出力トルク　　　　　　（f）力学的出力パワー $\omega_m T$

図 5.16　SPM モータの回生制動運転シミュレーション

次遅れ要素へ角速度の目標値として $-104.7\,\mathrm{rad/s}\,(= -1000\,\mathrm{rpm})$ を加えて急減速するように設定した.

　速度は,起動時と同様に減速についても目標値に追従して,同図 (a) のように目標値 ω_m^* と出力速度 ω_m は完全に一致している.時間 $t = 10\,\mathrm{s}$ で速度目標値が下がると,ブロック線図における q 軸の電流 i_q^* がそれまでの $0\,\mathrm{A}$ から下がって負の値になり,したがって,電流制御系において v_q が下がる(同図 (d)).すると,速度起電力 $K_E\omega_m$ の絶対値が v_q よりも大きくなるために,q 軸の電機子コイルには負の電流 i_q が流れることになる(同図 (b)).ここで,v_q は下がるものの正の値であり,それに対して電流 i_q は負の値であるので,その積は $v_q i_q < 0$ となる.これは電機子の q 軸に電源から供給されるパワーであり,それが負の値であることは,電源は電機子にパワーを供給しているのではなく,電機子から電源にパワーを送り返している状態になっていることを意味する.

　このパワーはどこからくるのかについて考えてみよう.q 軸における起電力は,電源の v_q に加えて,速度起電力 $K_E\omega_m$ と $x_s i_d$ の 3 つがある.その合成起電力を $e_{(q)\mathrm{total}}\,[\mathrm{V}]$ と書けば,

$$e_{(q)\mathrm{total}} = v_q - K_E\omega_m - x_s i_d$$

と表され,減速指令時には $K_E\omega_m$ の絶対値が最も大きい状態になる.これは負荷につながれたモータの回転子がもつ運動エネルギー $J\omega_m^2/2\,[\mathrm{J}]$ が角速度 ω_m を維持していることによる起電力である.すなわち,電源に送り返されているパワーの源は,この運動エネルギーである.

　この制動力はハイブリッド自動車や EV に利用されるブレーキであり,これを**回生制動** (regenerative braking) とよぶ.q 軸には負の電機子電流が流れることにより負のトルクが発生し,回転方向はそのままの状態で,運動エネルギーが電気的エネルギーに変換される.これにより,運動エネルギーが徐々に減少し,速度が減少することになる.通常の機械的ブレーキは運動エネルギーを熱エネルギーに変換する.すなわち,熱エネルギーとして捨て去ることで減速を行うのに対して,この場合は電気的エネルギーに変換して電源にエネルギーを蓄えることが大きな特長となる.同図 (f) には機械角速度 ω_m とトルク T の積,すなわち力学的パワー $\omega_m T$ を示している.加速時には $\omega_m T > 0$ となって負荷へパワーが送られて,運動エネルギーが増加する.減速指令を与えると,蓄えられていた運動エネルギーが放出されるが,最初はスパイク状にパワーが放出されて急減速し,停止に至る.

　図 5.17 にモータの 4 象限運転について示す．縦軸はモータの角速度，横軸がモータのトルクを示しているが，電源から負荷へパワーが流れているのか，それともその逆であるかの 2 通りしかない．すなわち，モータの運転は電気的パワーを力学的パワーに変換する力行のモードと，反対に力学的パワーを電気的パワーに変換する回生，つまり発電機のモードに分けることができる．前者においては力学的パワーは $\omega_m T > 0$，後者においては $\omega_m T < 0$ と表される．このシミュレーションの前半は第 1 象限の正転力行運転で，時間 $t = 10\,\mathrm{s}$ からの後半が第 2 象限の正転回生運転になる．第 3 象限と第 4 象限は回転方向が逆の場合であり，車両でいえば後退動作になる．

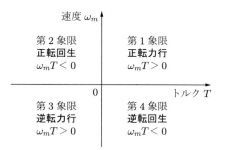

図 5.17　モータの 4 象限運転

5.2.3　IPM モータの制御系設計

　制御対象のブロック線図を改めて図 5.18 に示す．IPM モータは，同期リラクタンスモータと SPM モータを組み合わせた形となっており，マグネットトルクとリラクタンストルクの両方を利用している．同期リラクタンスモータとのインダクタ

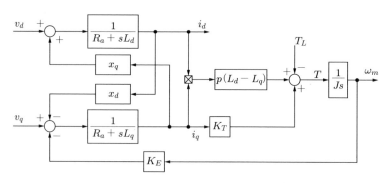

図 5.18　IPM モータ駆動系のブロック線図

ンスに関する相違点は，自己インダクタンス L_d と L_q の大小関係が逆転した，逆
突極性にあるということであった．また，ブロック線図からわかるように，q 軸の
回路に作用する速度起電力として，d 軸からの干渉項 $x_d i_d$ と $K_E \omega_m$ の2つが，電
源電圧 v_q を弱める形として入っている．しかし，前章で述べたようにリラクタン
ストルクの i_q に関する係数を，マグネットトルクの係数 K_T と同じく正の値にす
るために，i_d を負の値に制御するので，起電力 $x_d i_d$ の符号は逆転して v_q と同符号
の起電力になる．

図 5.19 に全体の制御系を示す．この制御系設計の特徴は以下のようになる．

- 制御量は角速度 ω_m であり，トルクの発生は d 軸，q 軸の双方の座標軸に依存
  することになり，制御入力は v_d と v_q である．
- 発生トルクはマグネットトルク T_P とリラクタンストルク T_r の2つである．
- マグネットトルクは電機子電流の i_q のみでも制御できるが，リラクタンスト
  ルクは i_d と i_q の積によって決まる非線形性をもつ．
- リラクタンストルクは $T_r = p(L_d - L_q)i_d i_q$ と表され，逆突極性のために
  $L_d - L_q < 0$ となることから，電機子電流 i_q に対するトルク係数を正の値と
  するためには，d 軸電機子電流 i_d は負の値としなければならない．

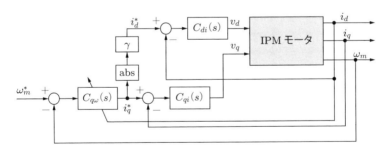

図 5.19 IPM モータの内部モデル制御系ブロック線図

以上の問題について，以下の手順で対処する．

(1) d 軸，q 軸の各軸について，ほかの同期機と同様に電流の分散制御系を構成
  する．
(2) q 軸は速度制御系を1次ループ，電流を2次ループとしたカスケード制御系
  とし，電流へ直接に影響を及ぼす外乱を抑制する特性に注意する．

(3) リラクタンストルクを利用する点から，d 軸と q 軸の双方の電流が互いに一定の比率をもつことが求められるので，q 軸の電流制御系の目標値 i_q^* の絶対値に望ましい比率 $\gamma < 0$ を乗じて，d 軸の電流制御系の目標値を $i_d^* = \gamma|i_q^*|$ として与える．これにより，つねに負の値の i_d^* が目標値として与えられる．

(4) リラクタンストルク T_r は電流 i_d と i_q の積によって決まるので，d 軸の電流 i_d はトルクを決めるゲインの 1 要素として取り扱う．

(5) トルクを決めるゲインが i_d によって変わるので，コントローラのゲインをそれに応じて変化させる方法，すなわちゲインスケジューリングを行う．

(6) マグネットトルクとリラクタンストルクが同時に寄与することから，ゲインスケジューリングにはマグネットトルクも考慮に入れる．

［内部モデル制御による IPM モータ制御系の設計］

制御系設計を以下に述べる．図 5.20 に示すように，電流制御系の d 軸と q 軸の両方の系ともに同じ形の伝達関数であり，d 軸の伝達関数は次式で与えられる．

$$\frac{1}{R_a + sL_d} = \frac{1/R_a}{1 + T_a} \tag{5.7}$$

ここに，$T_a = L_d/R_a$ である．

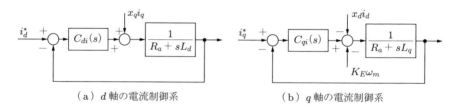

（a）d 軸の電流制御系　　　　　（b）q 軸の電流制御系

図 5.20　IPM モータの電流制御系

表 5.1 より，コントローラ $C_{di}(s)$ の比例ゲイン K_{dip} と積分ゲイン K_{dii} が

$$K_{dip} = \frac{L_d}{\lambda}, \quad K_{dii} = \frac{R_a}{\lambda}$$

となる．q 軸についても同様に，コントローラ $C_{qi}(s)$ の比例ゲイン K_{qip} と積分ゲイン K_{qii} が次式となる．

$$K_{qip} = \frac{L_q}{\lambda}, \quad K_{qii} = \frac{R_a}{\lambda}$$

フィルタ調整パラメータ λ は，制御系の応答の立上り時間とモデル化誤差によるロバスト安定性を目安に決定すればよい．ここでのシミュレーションでは，慣性モー

メント,電機子の抵抗とインダクタンス,トルク係数・誘起電圧定数などに関する
変動について安定性は保たれることを確認した.したがって,実際のデジタル制御
のサンプリング周期を考慮したうえで,前者のみによって決定する.

次に,速度制御系の設計を行う.電流制御系の応答速度が十分に速いと仮定して
それを無視し,制御系を図 5.21 のように表す.永久磁石によって決まるトルク定
数 K_T と並列に,d 軸の電流 i_d を含む $p(L_d - L_q)i_d$ という時変のゲインがあるが,
内部モデル制御では伝達関数の時変パラメータ i_d を陽に含んだ形でコントローラ
のゲインを表すことができるので,i_d の変数名を含んだ時変のコントローラとして
表す.

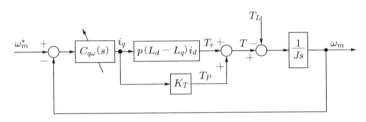

図 5.21 IPM モータのモータ速度制御系

外乱としては負荷トルク T_L が存在するが,その変動速度は一般に遅いので一定
値として扱い,内部モデル原理に基づいてこれまでと同様にコントローラに積分器
を含ませる.一方,制御対象 $P(s)$ は時変ゲイン K を含み,ゲインスケジューリン
グを行う前提のもとで,次式の形で与えられる.

$$P(s) = \frac{K_T + p(L_d - L_q)i_d}{Js} = \frac{K}{s}$$

ここに,

$$K = \frac{K_T + p(L_d - L_q)i_d(t)}{J}$$

である.この場合,コントローラ $C_{q\omega}(s)$ の比例ゲイン $K_{\omega p}$ と積分ゲイン $K_{\omega i}$ が

$$K_{\omega p} = \frac{2J}{\{K_T + p(L_d - L_q)i_d\}\lambda}, \quad K_{\omega i} = \frac{J}{\{K_T + p(L_d - L_q)i_d\}\lambda^2}$$

と与えられ,マグネットトルクとリラクタンストルクを考慮したゲインスケジュー
リングの式が得られる.

[IPM モータ制御系の数値シミュレーション]

以下,系のパラメータに適当な数値を与えてシミュレーションを行う.

（数値例）　$p = 1,\quad L_d = 10\,\text{mH},\quad L_q = 30\,\text{mH},\quad \Psi_{Pm} = \sqrt{\dfrac{2}{3}}\,\text{Wb},$

$\qquad R_a = 1\,\Omega,\quad J = 1\,\text{kgm}^2,\quad K_T = K_E = 1,\quad \gamma = -1$

IMC フィルタの調整パラメータは，シミュレーションの結果として d 軸と q 軸の 2 つの電流制御系について $\lambda = 0.001$ とし，速度制御においては $\lambda = 0.1$ とした.

　シミュレーションは，SPM モータと同様に，目標値追従性能，負荷トルクの速度制御系における抑制制御の性能，そして定常運転中における急な減速指令を与えたときの制動性能の 3 点に関して示す.

(1) 目標値追従・外乱抑制性能シミュレーション　目標値追従，そして負荷トルクに対する応答という外乱抑制のシミュレーションを図 5.22 に示す.

　まず，非線形な制御対象であるにもかかわらず，同図 (a) に示すように時定数 1 s で与えた目標値（1500 rpm = 157 rad/s）に速度が一致する良好な追従性能が発揮されている．トルク T（同図 (b)）はマグネットトルク T_P（同図 (c)）とリラクタンストルク T_r（同図 (d)）からなっているが，起動時にはリラクタンストルクが電機子電流の積 $i_d i_q$ に比例しているために，i_q だけに比例するマグネットトルクよりも電流の積の効果により鋭く変化する．最大値は $T_P = 64.8\,\text{Nm}$ に対して $T_r = 83.6\,\text{Nm}$ と，リラクタンストルクが加速に約 1.3 倍多く寄与している.

　負荷トルク 30 Nm のかかった定常状態では，電機子電流は $|i_d| = i_q = 21.1\,\text{A}$，発生トルクの成分としては $T_P = 21.1\,\text{Nm}$，$T_r = 8.90\,\text{Nm}$ となっている．すなわち電機子電流 i_q から見たトルクのゲインが，マグネットトルクは $K_T = 1\,\text{Nm/A}$，リラクタンストルクは $p(L_d - L_q)i_d = 0.422\,\text{Nm/A}$ となる．したがって，トルクの定常値の大きさとしては，マグネットトルク 21.1 Nm の 0.422 倍にあたる 8.90 Nm がリラクタンストルクとなっており，起動時のトルクの割合とは逆転している．この理由は，マグネットトルクの係数 K_T はつねに一定であるが，リラクタンストルクの係数 $p(L_d - L_q)i_d$ は i_d が大きくなっている瞬間にはその値が大きくなり，逆に i_d が小さくなっている瞬間には小さくなることによる．すなわち，どちらのトルク係数が大きいのかは，K_T と $p(L_d - L_q)i_d$ の大小によって決まる.

　図 5.18 に示したブロック線図からわかるように，d 軸と q 軸の各回路に作用する起電力は，d 軸では $v_d + x_q i_q$ [V]，q 軸では $v_q - x_d i_d - K_E \omega_m$ [V] と表され，これが電機子のインピーダンスにかかってそれぞれの電機子電流をつくっている（図 5.22(g)）．ここで，$K_E = 1\,\text{Vs/rad}$ としているので，$K_E \omega_m$ のグラフは省略して

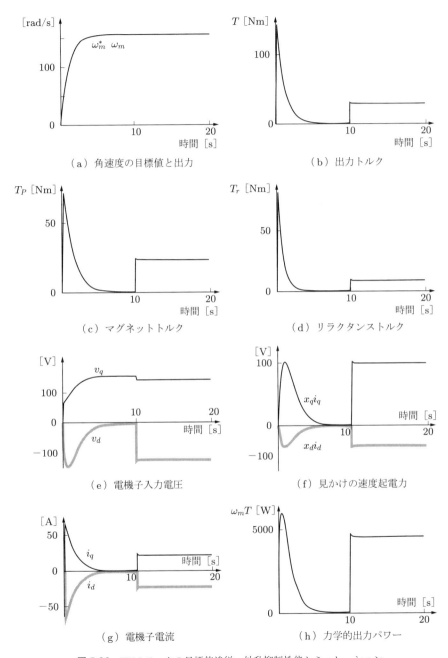

（a）角速度の目標値と出力

（b）出力トルク

（c）マグネットトルク

（d）リラクタンストルク

（e）電機子入力電圧

（f）見かけの速度起電力

（g）電機子電流

（h）力学的出力パワー

図 5.22　IPM モータの目標値追従・外乱抑制性能シミュレーション

いるものの，数値は同図 (a) と同一であることに注意する．

d 軸と q 軸の電機子電流の目標値として $i_d^* = -|i_q^*|$ $(\gamma = -1)$ の関係式を使用しており，同図 (g) のようにほぼこのとおりに動作し，また $L_q = 3L_d$ のパラメータを与えているために，$x_q i_q \cong -3x_d i_d$ となっている．定常値は，前者が 99.4 V，後者が -33.1 V となっている．このような関係により，同図 (e) の電機子電圧の波形が説明できる．

同図 (h) に力学的出力パワーを示している．起動後には定常運転速度の運動エネルギー $0.5J\omega_m^2 = 12320$ J をもつことになるが，図の前半のパワーの面積の形を三角形として見ると，底辺が約 4 s，高さが約 6000 W となっており，この面積は運動エネルギーに一致する．続いて，$t = 10$ s において負荷トルク $T_L = 30$ Nm が作用すると，$\omega_m T = 157 \times 30 = 4710$ W のパワーを持続的に電源から供給を受けて負荷に与えることになる．

(2) 回生制動運転シミュレーション　次に，回生制動運転のシミュレーションを図 5.23 に示す．

SPM モータの場合と同様に，速度が定常状態に落ち着いた時間 $t = 10$ s の時点で，目標値の立上げと同じ時定数 1 s の 1 次遅れ要素を通して，角速度の目標値に -104.7 rad/s $(= -1000$ rpm$)$ を加えて急減速するように設定した．

速度 ω_m のグラフは，これまでのシミュレーションと同様にまったく偏差が見えない．同図 (b) にはトルクの変化を示しており，時間 $t = 10$ s における減速指令に対しても，速やかな負のトルクが発生していることが良好な速度追従性能につながっている．同図 (c) と (d) にはマグネットトルクとリラクタンストルクをそれぞれ示すが，減速指令が入ると電流のピーク値が $i_d \cong i_q \cong -50$ A となって，両者のトルク係数は $K_T \cong p(L_d - L_q)i_d$ となるので，ほぼ同じ大きさの約 -50 Nm のトルクをともに発生して減速している．

同図 (e) と (f) は，d 軸と q 軸の各電機子電圧 v_d と v_q を示している．まず念頭に置くべきは，$i_d < 0$ がつねに保たれていることが必要であり，さらに減速指令により負のトルクを発生させる必要性から $i_q < 0$ となることである．すると，d 軸には大きな見かけの速度起電力 $x_q i_q < 0$ がブロック線図の加え合わせ点にプラスとして入るが，この絶対値が大きすぎるために，それを抑制する正の値の電圧 v_d が減速指令とともにスパイク状に生じている．これにより適切な大きさをもつ負の i_d が達成される．一方，電圧 v_q は時間 $t = 10$ s までの定常値である約 157 V か

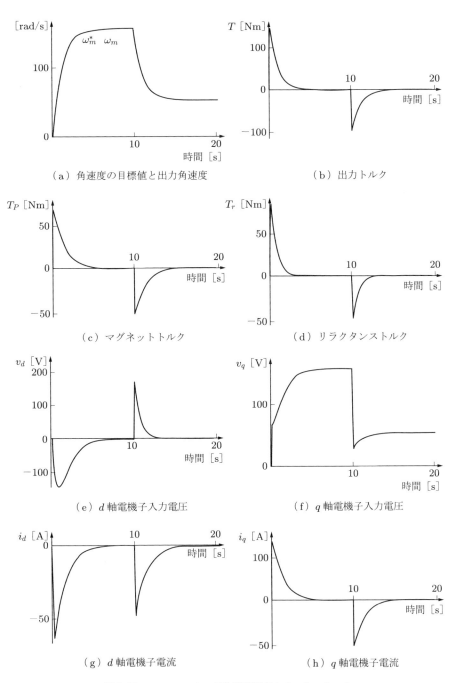

（a）角速度の目標値と出力角速度

（b）出力トルク

（c）マグネットトルク

（d）リラクタンストルク

（e）d 軸電機子入力電圧

（f）q 軸電機子入力電圧

（g）d 軸電機子電流

（h）q 軸電機子電流

図 5.23 IPM モータの回生制動運転シミュレーション

ら，約 26.0 V まで急減少して，それから新たな速度での定常値である約 52.3 V に
落ち着いている．

同図 (g) と (h) は電機子電流であり，i_d は負の値をつねに保ちながら $i_d^* = -|i_q^*|$
により増減が制御されている．i_q はトルクを決める電流であるので，ゲインスケ
ジューリングに従って制御されている様子がわかる．

図 5.24 には，図 5.23 と同一のシミュレーションにおける電機子への入力パワー，
ジュール損，そして力学的出力パワーを示している．d 軸と q 軸それぞれにおける
電機子への電気的入力パワーは $v_d i_d, v_q i_q$ である．減速指令時の $v_d i_d$ のピーク値
は $-8490\,\mathrm{W}$，$v_q i_q$ のピーク値は $-1404\,\mathrm{W}$ を示し，電流の絶対値の点では i_d と i_q
はほぼ同じであるものの，電機子電圧 v_d と v_q の大きさの違いによってこのような
回生パワーのピーク値に差が生じている．

自己インダクタンスの無効パワーを省略すると，次の等式が成り立つ．

$$v_d i_d + v_q i_q \cong (i_d^2 + i_q^2)R_a + \omega_m T \tag{5.8}$$

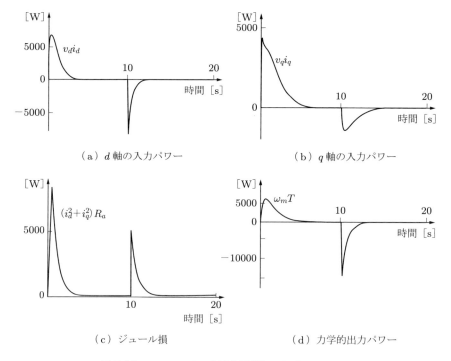

（a）d 軸の入力パワー　　　　（b）q 軸の入力パワー

（c）ジュール損　　　　（d）力学的出力パワー

図 5.24　IPM モータの回生制動運転におけるパワー

左辺が同図 (a) と (b)，右辺第 1 項が同図 (c)，そして右辺第 2 項が同図 (d) を示している．d 軸のパワー $v_d i_d$ がとくに q 軸のパワー $v_q i_q$ に比べて小さいということもなく，したがって，その面積であるエネルギーの授受も計算の結果ほぼ等しくなっている．同図 (d) は力学的出力パワーを示し，前半の第 1 象限運転から，減速指令により後半の第 2 象限運転に移り，$\omega_m T < 0$ となって，負荷の運動エネルギーが素早く電源に回生されていることが確認できる．

(3) ロバスト安定性とロバスト性能　制御対象である IPM モータは非線形系であり，単なる安定性も重要な問題であるが，それが確保されているこの段階においては，さらに**ロバスト安定性** (robust stability) と**ロバスト性能** (robust performance) が興味の対象となる．すなわち，IPM モータのパラメータを計算により求めて制御系を設計する際，得られていたパラメータの計算値が実際と異なっていた場合，あるいは運転の過程で変動した場合においても，安定性が確保され，さらに制御性能が保たれていることが望まれる．

そこで，設計した内部モデル制御系が果たしてこの性能を有しているかを，コントローラを除く制御対象部分に関し以下のパラメータ変動について確認した．

- 電機子抵抗 R_a を 0.5 倍 ($0.5\,\Omega$) および 2 倍 ($2\,\Omega$)
- d 軸電機子自己インダクタンス L_d を 0.5 倍 ($5\,\mathrm{mH}$) および 2 倍 ($20\,\mathrm{mH}$)
- q 軸電機子自己インダクタンス L_q を 0.5 倍 ($15\,\mathrm{mH}$) および 2 倍 ($60\,\mathrm{mH}$)
- 誘起電圧定数 K_E およびトルク定数 K_T を 0.5 倍 (0.5) および 2 倍 (2)
- 慣性モーメント J を 0.5 倍 ($0.5\,\mathrm{kgm^2}$) および 2 倍 ($2\,\mathrm{kgm^2}$)

数値シミュレーションの結果，図 5.25〜5.29 に示すように目標値への追従性能が失われることはまったくなく，リラクタンストルクが小さくなる 3 番目の $L_q = 15\,\mathrm{mH}$ のケース（図 5.27(a), (b)）においてさえ目標値追従性能は保たれていることがわかる．速度の目標値追従に関してはすべての場合についてまったく問題はないので，パラメータ変動前の図 5.22(e) と比較しながら電機子入力電圧の v_d と v_q について見てみよう．シミュレーション時間は $10\,\mathrm{s}$ としていることに注意する．

電機子抵抗の変動に対する応答を図 5.25 に示している．R_a が 0.5 倍のケースは顕著な違いはないが，R_a が 2 倍の場合は v_q が起動時においてステップ状に増加している程度の違いが見える．自己インダクタンスが変動した場合の図 5.26 と図

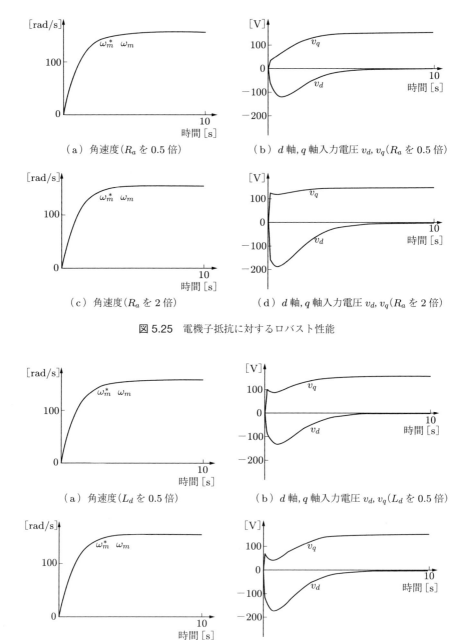

（a）角速度（R_a を 0.5 倍）

（b）d 軸, q 軸入力電圧 v_d, v_q（R_a を 0.5 倍）

（c）角速度（R_a を 2 倍）

（d）d 軸, q 軸入力電圧 v_d, v_q（R_a を 2 倍）

図 5.25　電機子抵抗に対するロバスト性能

（a）角速度（L_d を 0.5 倍）

（b）d 軸, q 軸入力電圧 v_d, v_q（L_d を 0.5 倍）

（c）角速度（L_d を 2 倍）

（d）d 軸, q 軸入力電圧 v_d, v_q（L_d を 2 倍）

図 5.26　d 軸自己インダクタンスに対するロバスト性能

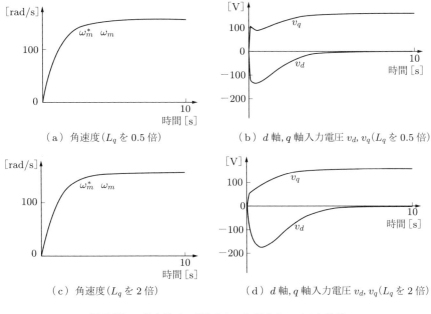

（a）角速度（L_q を 0.5 倍）　　　（b）d 軸, q 軸入力電圧 v_d, v_q（L_q を 0.5 倍）

（c）角速度（L_q を 2 倍）　　　（d）d 軸, q 軸入力電圧 v_d, v_q（L_q を 2 倍）

図 5.27　q 軸自己インダクタンスに対するロバスト性能

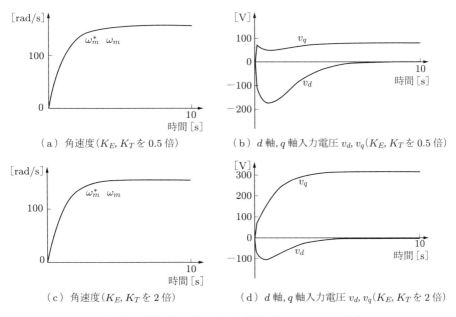

（a）角速度（K_E, K_T を 0.5 倍）　　　（b）d 軸, q 軸入力電圧 v_d, v_q（K_E, K_T を 0.5 倍）

（c）角速度（K_E, K_T を 2 倍）　　　（d）d 軸, q 軸入力電圧 v_d, v_q（K_E, K_T を 2 倍）

図 5.28　誘起電圧定数・トルク定数に対するロバスト性能

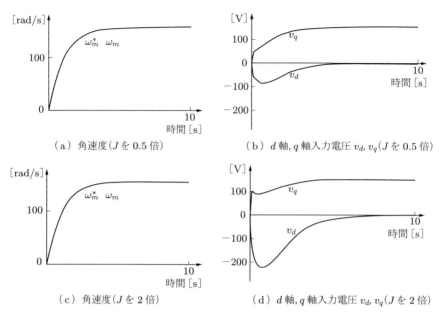

図 5.29　慣性モーメントに対するロバスト性能

5.27 においては，同図 (b) と (d) での波形に違いが見えるが，これもとくに目立つ
点はない．図 5.28 には誘起電圧定数・トルク定数の変動を示しており，ここでは
同図 (d) の定数が 2 倍になっている場合に，誘起電圧が 2 倍になることで，この外
乱を抑えるために v_q が約 2 倍の値となっている．同図 (b) は，誘起電圧が 0.5 倍
になったので逆の場合であるといえる．図 5.29 には慣性モーメントの変動を示し
ており，慣性モーメントが 0.5 倍の場合は起動時に入力電圧は小さく，反対に慣性
モーメントが 2 倍の時は大きな電圧を要していることは容易に予想のできることで
あり，ロバスト性能をもつ良好な特性を示している．

　以上のすべての変動についてロバスト安定性とロバスト性能が得られることを確
認し，ここで示した内部モデル制御設計の有用性が認められた．

　非線形な制御対象である同期リラクタンスモータと IPM モータについて，IMC
法を用いた設計法を提示し，シミュレーションによりその有効性を示した．さら
に，3 種の同期モータについての数値シミュレーションによって，制御系の**良好な
目標値追従性能，外乱抑制性能，およびロバスト性能**をもつことを示した．

5.3 同期モータの電気・力学・熱系等価回路

　図 5.30 に，電気機器に限らない，一般の電気系の等価回路，力学系の電気的等価回路，および第 1 章で定式化した熱系の電気的等価回路を示す．電気的エネルギーと力学的エネルギーの変換を利用する電気機器は，必然的に熱系を含む．この 3 種類の異なる形の等価回路を用いて機器を表現できれば，モータと制御系に関する設計と応用においての利便性は高い．すなわち，種類の異なる系の等価回路に同一の物理的表現をすることで，現象を統一的に同じプラットフォーム上で解釈できるわけである．たとえば，慣性モーメントはインダクタンスとして，あるいは熱系の熱時定数は電気回路の時定数として解釈し，系の定量的および定性的な理解を深めることができる．

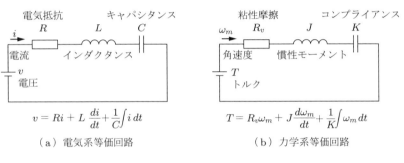

（a）電気系等価回路

$$v = Ri + L\,\frac{di}{dt} + \frac{1}{C}\int i\,dt$$

（b）力学系等価回路

$$T = R_v\omega_m + J\frac{d\omega_m}{dt} + \frac{1}{K}\int \omega_m\,dt$$

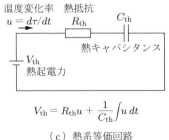

$$V_{\text{th}} = R_{\text{th}}u + \frac{1}{C_{\text{th}}}\int u\,dt$$

（c）熱系等価回路

図 5.30　電気系・力学系・熱系の等価回路表現

　同図 (a) の電源電圧 $v\,[\text{V}]$ と電流 $i\,[\text{A}]$ に対応して，同図 (b) ではそれぞれトルク $T\,[\text{Nm}]$ と角速度 $\omega_m\,[\text{rad/s}]$，同図 (c) では熱起電力 $V_{\text{th}}\,[\text{K}^2/\text{J}]$ と温度変化率 $u = d\tau/dt\,[\text{K/s}]$ が双対性をもつ物理量としてとらえられる．回転運動系が粘性摩擦 $R_v\,[\text{Nms/rad}]$，慣性モーメント $J\,[\text{kgm}^2]$，およびコンプライアンス $K\,[\text{rad/Nm}]$ をもつとき，トルクは

$$T = R_v \omega_m + J \frac{d\omega_m}{dt} + \frac{1}{K} \int \omega_m \, dt$$

のように表され，電気回路の R, L, C 直列回路と同じダイナミクスをもっている．さらに，熱抵抗 R_{th} [sK/J] と熱キャパシタンス C_{th} [J/K] をもつ熱系の支配方程式も，

$$V_{\mathrm{th}} = R_{\mathrm{th}} u + \frac{1}{C_{\mathrm{th}}} \int u \, dt$$

のように，電気回路の RC 直列回路と同様に見ることができる．

▌5.3.1　同期リラクタンスモータの等価回路

　図 5.31 に，同期リラクタンスモータの電気・力学・熱系の等価回路を示す．電気系と力学系の間には，電気的パワーから力学的パワーへの変換器を描いている．また，これまでのシミュレーションでは考慮していなかった鉄損を，等価抵抗 R_c [Ω] として追加している．この抵抗素子の導入にともなって，電機子電流を有効な電流 i_{d0}, i_{q0} と，**鉄損電流** (core-loss current) i_{dc}, i_{qc} の 2 つに分離し，

$$i_d = i_{d0} + i_{dc}, \quad i_q = i_{q0} + i_{qc} \tag{5.9}$$

としている．

　見かけの速度起電力 $-x_q i_{q0}$ [V]，$x_d i_{d0}$ [V] は逆起電力として回路内に表現している．さらに，4.3 節で言及した見かけの速度起電力がつくるパワー p_{ad} [W] と p_{aq} [W] が，変換器を通して損失なしに力学系へ伝達される．

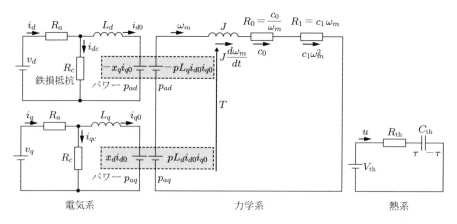

図 5.31　同期リラクタンスモータの電気・力学・熱系の電気的等価回路

なお，d 軸の逆起電力 $-x_q i_{q0} = -pL_q i_{q0} \omega_m$ [V] と q 軸の逆起電力 $x_d i_{d0} = pL_d i_{d0} \omega_m$ [V] によって消費されるパワーは，変換器を通ると，力学系においてトルク

$$T = -pL_q i_{q0} i_{d0} + pL_d i_{d0} i_{q0} = p(L_d - L_q) i_{d0} i_{q0}$$

を生じることは第 4 章で述べたところであり，p は極対数であった．したがって，d 軸と q 軸のそれぞれにおける電気系から，力学系等価回路への電圧の比が

$$\omega_m : i_{d0} \ (d\,\text{軸}), \quad \omega_m : i_{q0} \ (q\,\text{軸}) \tag{5.10}$$

になっている．力学系の電気的等価回路では，トルク T が電圧として表現されることになり，電流の比が d 軸では $i_{d0} : \omega_m$，そして q 軸では $i_{q0} : \omega_m$ となる．電圧の比の逆数になることから，変換の前後においてパワーが不変になっていることがわかる．

力学系等価回路の電流は角速度 ω_m であるが，ここで図 5.31 に示した回路素子としては，慣性モーメントを自己インダクタンス J，速度の変化にかかわらず一定値の摩擦トルクを電気抵抗 R_0，そして抗力が速度の 2 乗に比例する空気抵抗を電気抵抗 R_1 で表している．すなわち，慣性トルクが電圧降下 $J(d\omega_m/dt)$ [V]，一定値の摩擦トルクが電圧降下 c_0 [V]，空気抵抗が電圧降下 $c_1 \omega_m^2$ [V] として表されている．

等価回路における電機子コイルの電気抵抗 R_a と鉄損抵抗 R_c は，同期リラクタンスモータ本体の温度上昇を引き起こすジュール損を発生させることになる．それぞれを p_a [W]，p_c [W] と書けば，ジュール損の合計 P [W] が次式で表される．

$$P = p_a + p_c = (i_d^2 + i_q^2)R_a + (i_{dc}^2 + i_{qc}^2)R_c \tag{5.11}$$

熱系の電気的等価回路における起電力は，次式で与えられる熱起電力である．

$$V_{\text{th}} = \frac{R_{\text{th}}}{C_{\text{th}}} P$$

ここで，R_{th} は熱抵抗，C_{th} は熱キャパシタンス，そして図 5.31 の u は，温度上昇を τ [K] として $u = d\tau/dt$ と表される温度の変化率である．

5.3.2　SPM モータの等価回路

図 5.32 に SPM モータの電気系・力学系・熱系の等価回路を示す．自己インダクタンスに比例する見かけの速度起電力は，d 軸，q 軸の両軸に現れる．しかし，d 軸

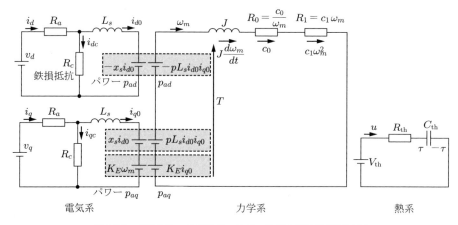

図 5.32 SPM モータの電気・力学・熱系の電気的等価回路

において力学系側に $-pL_s i_{d0} i_{q0}$ [V]，そして q 軸においては同じ大きさで異符号の $pL_s i_{d0} i_{q0}$ [V] が現れて，互いにキャンセルされて，有効なパワーをつくらないことがわかる．結局，力学系側で残る速度起電力は $K_E i_q = K_T i_q$ [V] となって，この起電力が力学系において電流 ω_m をつくる．その他の部分は同期リラクタンスモータの場合と同じである．

5.3.3 IPM モータの等価回路

図 5.33 には IPM モータの電気系・力学系・熱系の等価回路を示す．IPM モータにおいては逆突極性によって $L_d < L_q$ となる．したがって，力学系では，d 軸に

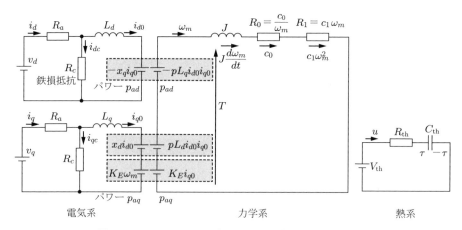

図 5.33 IPM モータの電気・力学・熱系の電気的等価回路

おける $-pL_q i_{d0} i_{q0}$ のほうが q 軸における $pL_d i_{d0} i_{q0}$ よりも絶対値は大きい．この
ため，d 軸と q 軸の合計としても有効なパワーをつくることになる．加えて，電気
系側の速度起電力 $K_E \omega_m$ によって力学系側に対してつくられる起電力 $K_E i_{q0}$ が
存在して，大きな有効パワーを IPM モータはつくっている．

IPM モータ温度上昇の数値シミュレーション

IPM モータを同期モータの代表例として，温度上昇のシミュレーションを示す．
一般に，温度上昇の時定数は制御の過渡応答よりはるかに大きいので，以下の数値
例もそのように設定する．したがって，シミュレーションでは IPM モータの負荷
トルクを負った定常状態における電機子電圧・電流の値を用いている．

（数値例）　鉄損抵抗 $R_c = 200\,\Omega$，　質量 $m = 50\,\mathrm{kg}$，　冷却表面積 $S_c = 0.5\,\mathrm{m}^2$，
　　　　　　比熱 $C_s = 460\,\mathrm{J/kgK}$，　熱キャパシタンス $C_{\mathrm{th}} = 2 \times 10^4\,\mathrm{J/K}$，
　　　　　　熱抵抗 $R_{\mathrm{th}} = 0.05\,\mathrm{sK/J}$，　熱時定数 $T_{\mathrm{th}} = 10^3\,\mathrm{s}\,(= 16.7\,\mathrm{min})$

図 5.34 には，電機子コイルの電気抵抗によるジュール損と電機子の鉄損による，
2 つの熱源がつくる温度上昇を示している．この温度に周囲温度を加えた値が実際
の温度になる．

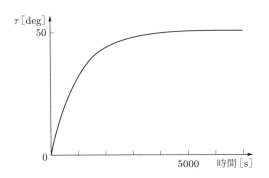

図 5.34　IPM モータの温度上昇シミュレーション

以上，**同期モータの電気系，力学系および熱系について電気的等価回路**を示した．

▌参考文献

[1] M.Morari・E.Zafiriou：Robust Process Control，Prentice Hall, 1989

[2] A.E.Fitzgerald・C.Kingsley,Jr：Electric Machinery (second edition), McGraw-Hill, 1961

[3] 杉本英彦・小山正人・玉井伸三：AC サーボシステムの理論と設計の実際，総合電子出版, 1990

[4] 藤田宏：電動力応用工学，森北出版，1980

索　引

著者略歴

坂本　哲三（さかもと・てつぞう）
1981 年　九州大学大学院工学研究科電気工学専攻修士課程修了
1984 年　九州大学大学院工学研究科電気工学専攻博士課程単位取得
2002 年　九州工業大学教授
2018 年　九州工業大学名誉教授
　　　　　現在に至る
　　　　　工学博士

同期モータの基礎と制御

2023 年 7 月 12 日　第 1 版第 1 刷発行

著者　　　　坂本哲三

編集担当　　太田陽喬（森北出版）
編集責任　　藤原祐介・宮地亮介（森北出版）
組版　　　　中央印刷
印刷　　　　　同
製本　　　　ブックアート

発行者　　　森北博巳
発行所　　　森北出版株式会社
　　　　　　〒102-0071　東京都千代田区富士見 1-4-11
　　　　　　03-3265-8342（営業・宣伝マネジメント部）
　　　　　　https://www.morikita.co.jp/

MEMO

MEMO

MEMO

MEMO

MEMO